CMP BOOKS
机工IT

大话

大语言模型

王符伟　曹宇／著

机械工业出版社
CHINA MACHINE PRESS

大语言模型作为 AI 领域的明星，凭借其强大的语言理解和生成能力，正深刻地改变着人们的生活与工作。其兴起得益于预训练和生成式 AI 技术的发展，未来将在多领域发挥重要作用，但同时也面临隐私、伦理等挑战。

本书全面介绍大语言模型（Large Language Model，LLM）的前世今生、工作原理、应用实践及未来趋势。全书共 4 篇：基础篇追溯了大语言模型的起源与兴起，深度揭秘了其工作原理，并对当前现状与研发竞赛进行深入分析，同时展望了其未来发展前景。进阶篇聚焦于模型规模化、提示工程、思维链推理等关键技术，详细介绍了以 ChatGPT 为代表的大语言模型背后的技术原理，并探讨问答系统在实际应用中的落地实践。高阶篇深入剖析了 Transformer 架构与预训练模型的核心机制，探讨微调技巧在提升模型性能中的作用，以及大语言模型在多领域的应用实践，同时构建和完善了大语言模型的 API 生态体系。展望篇探讨了大语言模型如何重塑互联网格局，驱动各行业创新升级及其面临的社会挑战与应对策略，展望了以 DeepSeek 为代表的大语言模型对未来技术发展与人们生活方式可能带来的深远变革。

本书适合 AI 从业者、研究人员及对大语言模型感兴趣的读者阅读。

图书在版编目（CIP）数据

大话大语言模型 / 王符伟，曹宇著. -- 北京：机械工业出版社，2025.4. -- ISBN 978-7-111-77869-1

Ⅰ. TP391

中国国家版本馆 CIP 数据核字第 20250F1B71 号

机械工业出版社（北京市百万庄大街 22 号　邮政编码 100037）

策划编辑：秦　菲　　　　　　责任编辑：秦　菲
责任校对：张亚楠　刘雅娜　　责任印制：刘　媛
北京中科印刷有限公司印刷

2025 年 5 月第 1 版第 1 次印刷

169mm×239mm・16 印张・232 千字

标准书号：ISBN 978-7-111-77869-1

定价：99.00 元

电话服务　　　　　　　　　　网络服务

客服电话：010-88361066　　机　工　官　网：www.cmpbook.com

　　　　　010-88379833　　机　工　官　博：weibo.com/cmp1952

　　　　　010-68326294　　金　书　网：www.golden-book.com

封底无防伪标均为盗版　　机工教育服务网：www.cmpedu.com

序言 1

在"新质生产力"驱动产业变革、"人工智能+"上升为国家战略的当下，大语言模型技术正加速渗透千行百业。本书以专业性与可读性兼具的方式，系统解构大语言模型的技术原理与应用实践，为从业者提供从理论到落地的完整知识框架。

技术解析：构建智能化系统的基石

本书通过结构化内容体系，完整呈现大语言模型的技术演进路径。第 11 章深入剖析 Transformer 架构的自注意力机制与文本生成能力，揭示其在语义建模中的核心价值；第 8 章从算法层面探讨人类反馈强化学习的奖励机制与标签优化策略，为个性化交互提供技术支撑。针对行业关注的检索增强技术，第 17 章结合 RAG 框架与 LangChain 工具链，详解分布式训练与 API 生态构建方案。书中对思维链推理（第 6 章）、指令微调（第 7 章）等关键技术的解析，为 AI 落地实践提供了关键的工程方法指引。

产业赋能：响应国家战略的实践指南

本书案例设计与"人工智能+"时代的产业场景高度契合，第 19 章通过医疗 AI 病理诊断、教育智能建议等场景，呈现大模型在垂直领域的落地范式；第 10 章以文档检索模型为切入点，构建专业领域问答系统的最佳实践；第 23 章对 DeepSeek 的技术特征与应用案例进行了专题介绍，精准回应今天 DeepSeek 爆火背景下的产业需求，为千行百业的 AI 技术应用明确指出了一条本土化道路。

发展洞察：锚定技术演进方向

面对技术伦理与产业升级的双重命题，第 20 章系统探讨数据权限、伦理

IV. 大话大语言模型

边界与公平性挑战，为构建可信 AI 体系提供理论框架；第 21 和第 22 章从交通监控、人物特征解析、日常生活等应用场景出发，预判技术对社会生态的重塑效应。可见，大语言模型的未来，就是在安全与发展的辩证之间持续进化。

作为 AI 技术体系化解读的标杆之作，本书具有三重价值：

- 对开发者而言，是涵盖 Transformer、RLHF、RAG 等核心技术的工程手册。
- 对产业决策者而言，是理解"人工智能+产业创新"机理的战略指南。
- 对政策研究者而言，是研判技术伦理与制度创新的参考资料。

全书以扎实的技术剖析回应时代命题，建立起从基础研究到产业应用的完整认知链条，既为从业者提供方法论工具，也为推动人工智能高质量发展贡献智库价值。在深化"人工智能+"应用、培育新质生产力的国家战略背景下，这部著作的出现恰逢其时。

——CNCERT/CC 高级工程师　李明哲

序言 2

大语言模型，智能时代的新篇章——
开启《大话大语言模型》的认知革命

当数字洪流裹挟着人类迈入智能纪元，大语言模型正以认知革命的号角，奏响技术文明的新乐章。这本《大话大语言模型》既是对这场变革的深度解码，更是每位探索者手中的指南针——它穿透技术迷雾，将 GPT、RoBERTa、T5 等先锋模型的进化密码，化作可触可感的智慧图谱。

从实验室里第一行代码的跃动，到万亿参数构建的"数字大脑"，大语言模型用十年时间走完了自然语言处理千年的跋涉。它们不是冰冷的算法堆砌，而是理解人类思维褶皱的"读心者"：在医疗诊断中解析生命密码，于商业决策里预见市场潮汐，在教育领域重塑知识传递的维度。正如本书所揭示的，这些模型正在重构人与信息的交互界面，让机器从"执行者"进化为"共创伙伴"。

但这场革命绝非坦途。当 AI 开始撰写诗歌、拟定法律条文，我们不得不直面"技术镜像"带来的伦理困境。翻开《大话大语言模型》，您将经历一场从比特到认知的奇妙旅程。它不仅解构了 Transformer 架构的魔法，更用零售行业的智能客服对话、医疗领域的文献挖掘案例，演绎着技术商业化的万千可能。那些在参数海洋里游弋的模型，终将在此化作改变世界的生产力。

——ERP 行业 AI 资深架构师　胡书敏

前　　言

语言模型
技术史

在科技日新月异的今天，AI 已经成为推动社会进步的重要力量。而在 AI 的广阔天地里，大语言模型无疑是最耀眼的明星之一。它以惊人的速度走进人们的视野，改变着人们的生活方式、工作方式和交流方式。那么，什么是大语言模型？它是如何工作的？又将如何影响人类的未来？让我们一同踏上这场探索大语言模型奇妙世界的旅程。

初识大语言模型

大语言模型这一 AI 领域的璀璨明珠，其诞生与发展并非一蹴而就，而是 AI 技术长期积累与创新的结晶。从早期的简单规则系统，到统计学习方法的兴起，再到深度学习技术的蓬勃发展，每一步都为大语言模型的问世奠定了坚实的基础。近年来，随着预训练模型的崛起和生成式 AI 时代的来临，大语言模型终于以其强大的语言理解和生成能力，走进了人们的视野。

预训练模型通过海量无监督学习，从浩如烟海的文本数据中提炼出语言的精髓，赋予模型以广泛的语言智慧。而生成式 AI 技术的突破，则让大语言模型能够生成流畅自然、富有逻辑的文本，甚至在某些场景下，其表现已与人类相媲美。这一系列的进步，不仅推动了 AI 技术的飞速发展，更激发了各大企业和科研院所对大语言模型的热烈追捧和深入研究。

在这场激烈的研发竞赛中，我们见证了无数令人振奋的成果。从 ChatGPT 等明星产品的横空出世，到科研院所不断探索的新技术和新方法，大语言模型正以其独特的魅力，引领着 AI 领域的新风尚。同时，国产大语言模型的开发及竞争也显得尤为重要，它不仅关乎我国在 AI 领域的国际地位，还将推动我国相关产业的蓬勃发展。

与模型互动

与大语言模型的互动，既是一场智慧的较量，也是一次艺术的探索。为了充分发挥大语言模型的潜力，我们需要深入了解其工作原理和特点，并掌握一系列关键的互动技巧。

模型规模化效应是我们必须考虑的重要因素。通过合理选择模型规模，我们可以实现资源的优化配置，既确保模型的卓越性能，又降低运算成本，实现高效与经济的完美平衡。

语境内学习则是提升大语言模型应用效果的秘籍。通过巧妙的提示工程，我们可以精准地引导模型的行为，使其更加贴合我们的需求和期望。同时，思维链推理技术的引入，进一步增强了文本的逻辑性和连贯性，让模型的语言理解和生成能力更上一层楼。

此外，指令微调器和人类反馈强化学习也是优化大语言模型表现的神器。指令微调器允许我们根据特定任务的需求，对模型进行精细化的调整，使其在该任务上大放异彩。而人类反馈强化学习，则通过引入人类的智慧与判断，让模型更加深入地理解人类的需求和意图，从而提供更加精准、个性化的服务。

模型应用与实践

大语言模型的应用领域广泛而深远，它正以其强大的能力改变着世界。在自然语言处理领域，大语言模型能够轻松应对各种复杂的语言任务，如在文本分类、情感分析、自然语言推理等方面，展现出惊人的智能与效率。

在智能问答方面，大语言模型更是大放异彩。它能够根据用户的问题，迅速提供准确、全面的答案，让信息交流变得更加便捷与高效。同时，在文本生成领域，大语言模型也展现出了非凡的创造力，它能够生成连贯、自然的文本，为创作和编辑提供强大的支持。

以 Transformer 为核心机制的预训练语言模型，是大语言模型中的重要一员。它通过自注意力机制和卓越的文本生成能力，推动了自然语言处理技术的飞速发展。GPT、RoBERTa、T5 等模型，凭借其出色的表现，已成为业界的佼佼者，并在跨语言处理等领域展现出了广阔的应用前景。

在大语言模型的应用实践中，我们还见证了诸多创新的工具和生态系统的涌现。这些框架和工具，如 RAG、LangChain、LlamaIndex、LM Studio 等，为大语言模型的部署和应用提供了便捷、高效的解决方案。同时，分布式学习技术的引入，使得大语言模型的训练和应用更加高效、可扩展，为 AI 技术的普及和应用奠定了坚实的基础。

迎接大语言模型

大语言模型的未来，充满了无限的可能与挑战。它将继续推动 AI 技术的发展与突破，为我们的生活、工作和交流带来更多的便利与惊喜。在互联网领域，大语言模型将引领新一代技术平台的形成，重塑互联网交互体验，让信息交流更加智能、高效。

然而，大语言模型的应用也伴随着一系列挑战与问题。隐私安全、社会伦理与公平等问题是我们必须正视并努力解决的难题。我们不能因为技术的便利而忽视这些问题的存在与影响，只有在保障用户隐私和安全的前提下，才能更好地推动大语言模型的应用与发展。

展望未来，大语言模型将继续在 AI 领域发挥举足轻重的作用。它将不断突破技术的限制与应用的边界，为我们带来更多前所未有的惊喜与可能。同时，我们也期待看到更多创新的应用和解决方案涌现出来，共同推动 AI 技术的进步与发展。

在这场探索大语言模型奇幻世界的旅程中，我们见证了 AI 技术的飞速发展与应用的广泛拓展。我们相信，在未来的日子里，大语言模型将继续为我们创造更多的价值与可能。让我们携手并进，共同迎接大语言模型时代的到来！

目　　录

序言 1

序言 2

前言

基础篇　初识大语言模型

1 大语言模型是什么（了解 AI 时代大语言模型的前世今生） ⋯⋯⋯⋯⋯ 2

　1.1 大语言模型什么时候突然走进我们的视野 ⋯⋯⋯⋯⋯⋯⋯⋯ 2

　1.2 追溯大语言模型的前世 ⋯⋯⋯⋯⋯⋯⋯⋯⋯⋯⋯⋯⋯⋯ 3

　1.3 预训练模型的兴起：AI 进化的方向 ⋯⋯⋯⋯⋯⋯⋯⋯⋯⋯ 6

　1.4 生成式 AI 时代的到来：大语言模型"TOP-1" ⋯⋯⋯⋯⋯⋯ 9

2 大语言模型是如何工作的（解密大语言模型的工作原理） ⋯⋯⋯⋯ 22

　2.1 大语言模型：放大版的生成式 AI ⋯⋯⋯⋯⋯⋯⋯⋯⋯⋯ 22

　2.2 大语言模型的左膀右臂：微调与提示 ⋯⋯⋯⋯⋯⋯⋯⋯⋯ 25

　2.3 大语言模型+：AI 平台时代的到来 ⋯⋯⋯⋯⋯⋯⋯⋯⋯⋯ 31

　2.4 大语言模型生态的繁荣：第三方框架与软件库的持续发展与完善 34

　2.5 开源大语言模型：驱动未来 AI 腾飞的灵魂 ⋯⋯⋯⋯⋯⋯⋯ 37

3 深度剖析大语言模型的现状与研发竞赛（企业与科研院所的
　竞相角逐与创新探索） ⋯⋯⋯⋯⋯⋯⋯⋯⋯⋯⋯⋯⋯⋯⋯⋯ 40

　3.1 AI 技术的持续创新与突破 ⋯⋯⋯⋯⋯⋯⋯⋯⋯⋯⋯⋯⋯ 40

　3.2 加速发展+突破想象力的 AI 产品不断涌现 ⋯⋯⋯⋯⋯⋯⋯ 41

　3.3 企业：资金与数据的双重驱动 ⋯⋯⋯⋯⋯⋯⋯⋯⋯⋯⋯ 42

　3.4 科研院所：学术与技术的深度融合 ⋯⋯⋯⋯⋯⋯⋯⋯⋯⋯ 43

　3.5 国产大语言模型的开发及竞争的意义 ⋯⋯⋯⋯⋯⋯⋯⋯⋯ 44

　3.6 未来竞争的焦点 ⋯⋯⋯⋯⋯⋯⋯⋯⋯⋯⋯⋯⋯⋯⋯⋯ 45

　3.7 基准测试：揭秘大语言模型的性能密码 ⋯⋯⋯⋯⋯⋯⋯⋯ 47

进阶篇　与模型互动

4 模型规模化效应：评估模型性能指标（选择适用的模型规模，
　实现资源优化配置） ⋯⋯⋯⋯⋯⋯⋯⋯⋯⋯⋯⋯⋯⋯⋯⋯⋯ 53

4.1 如何衡量模型的规模 ⋯⋯⋯⋯⋯⋯⋯⋯⋯⋯⋯⋯⋯⋯ 53

4.2 权衡 FLOPS 与 Accuracy ⋯⋯⋯⋯⋯⋯⋯⋯⋯⋯⋯ 58

4.3 模型的选择策略 ⋯⋯⋯⋯⋯⋯⋯⋯⋯⋯⋯⋯⋯⋯⋯ 60

5 语境内学习：利用提示工程有效提升服务（利用提示控制语言模型，推动智能系统的应用） ⋯⋯⋯⋯⋯⋯⋯⋯⋯⋯⋯⋯⋯ 62

5.1 走近提示工程 ⋯⋯⋯⋯⋯⋯⋯⋯⋯⋯⋯⋯⋯⋯⋯⋯ 62

5.2 提示工程驱使语言模型"万能化" ⋯⋯⋯⋯⋯⋯⋯⋯ 65

5.3 懂"提示"的 AI 会"驱逐"程序员吗 ⋯⋯⋯⋯⋯⋯ 67

5.4 熟悉几种具体的提示形式 ⋯⋯⋯⋯⋯⋯⋯⋯⋯⋯⋯ 71

6 思维链（CoT）推理：加强文本逻辑和连贯性（提升模型的语言理解和生成水平） ⋯⋯⋯⋯⋯⋯⋯⋯⋯⋯⋯⋯⋯⋯⋯ 75

6.1 趣聊思维链推理，让 AI 更聪明更有逻辑 ⋯⋯⋯⋯⋯ 75

6.2 巧用思维链，改善 LLM 推理能力 ⋯⋯⋯⋯⋯⋯⋯⋯ 77

6.3 提高思维链推理的稳健性 ⋯⋯⋯⋯⋯⋯⋯⋯⋯⋯⋯ 80

6.4 思考树（ToT）：进化版的思维链 ⋯⋯⋯⋯⋯⋯⋯⋯ 81

7 指令微调器：优化模型在特定任务中的表现（提供高效的智能解决方案） ⋯⋯⋯⋯⋯⋯⋯⋯⋯⋯⋯⋯⋯⋯⋯⋯⋯ 84

7.1 有效利用已有的数据集 ⋯⋯⋯⋯⋯⋯⋯⋯⋯⋯⋯⋯ 84

7.2 与"指令微调"容易混淆的技术 ⋯⋯⋯⋯⋯⋯⋯⋯⋯ 85

7.3 指令微调存在的问题和挑战 ⋯⋯⋯⋯⋯⋯⋯⋯⋯⋯ 87

8 人类反馈强化学习：实现个性化和协同学习（利用人类反馈实现模型学习的精准性和个性化，促进人机协同合作） ⋯⋯⋯ 89

8.1 强化学习的奖励机制 ⋯⋯⋯⋯⋯⋯⋯⋯⋯⋯⋯⋯⋯ 89

8.2 奖励标准的考量 ⋯⋯⋯⋯⋯⋯⋯⋯⋯⋯⋯⋯⋯⋯⋯ 91

8.3 奖励标签能否 AI 化 ⋯⋯⋯⋯⋯⋯⋯⋯⋯⋯⋯⋯⋯ 92

9 ChatGPT 热潮：深度解析其学习来源和问答精度（探究 ChatGPT 的学习数据和黑匣子技术，提升人机交互质量） ⋯⋯⋯ 94

9.1 LLM 的学习数据从哪里来 ⋯⋯⋯⋯⋯⋯⋯⋯⋯⋯⋯ 94

9.2 LLM 通过深度学习提高精度 ⋯⋯⋯⋯⋯⋯⋯⋯⋯⋯ 95

9.3 LLM 生成的文章很自然 ⋯⋯⋯⋯⋯⋯⋯⋯⋯⋯⋯ 100

9.4　LLM 也懂巧妙措辞吗 102

9.5　LLM 的语言风格很文雅 103

10　问答系统实践：将 ChatGPT 融入大语言模型应用的领先地位
　　（文档检索模型，实现智能化和个性化应用效果的极致体验）...... 105

10.1　问答系统是什么 105

10.2　问答系统的基本类型 108

10.3　包含文档检索的问答系统 110

10.4　将文档检索模型用于专业问答 112

高阶篇　模型应用与实践

11　深度解析 Transformer 核心机制：从自注意力机制到文本生成
　　（Transformer 推动自然语言处理技术进步）..................... 118

11.1　Transformer 工作原理 118

11.2　词嵌入，文本的数值化表示 120

11.3　神经网络中的词嵌入应用 125

11.4　注意力机制，聚焦关键信息 128

11.5　趣解 Query-Key-Value 机制 130

11.6　Transformer 的文本生成能力 141

12　预训练语言模型解析：GPT、RoBERTa、T5（透视预训练语言
　　模型的丰富表达与跨语言能力）....................................... 144

12.1　文字预测的过程 144

12.2　GPT：文本生成的鼻祖 150

12.3　BERT・RoBERTa：文本生成的新思路 152

12.4　T5：模型融合的全新范式 154

12.5　模型如何应对多语言任务 156

12.6　中文处理策略：微观视角的分词 160

13　模型微调深入分析：揭秘自然语言处理任务（情感分析、自然语言
　　推理、语义相似度和语境多项选择的微调技巧）.................. 164

13.1　大语言模型擅长的基本任务 164

13.2　情感分析：本质是文本分类 166

13.3　自然语言推理：机器理解文本的逻辑思维挑战 ·············· 169

13.4　微调与语义相似度的结合：智能的"双重奏" ·············· 171

13.5　多项选择问答：打造智能问答高手 ························· 173

13.6　LoRA 微调策略 ······································· 174

**14　摘要生成：提高信息获取效率的精练技术（探讨如何提高信息获取
效率，助力知识传播与创新）** ······························ 176

14.1　摘要生成的基本概念 ································· 176

14.2　面向查询 VS 非面向查询 ······························· 178

**15　命名实体识别：助力多领域 NLP 应用的信息提取（深度挖掘文本
中有价值的信息，为多领域应用提供强大支持）** ·············· 180

15.1　什么是命名实体识别 ································· 180

15.2　有哪些基本任务 ····································· 182

15.3　解决任务的基本方法 ································· 185

**16　语句嵌入：优化文本处理与理解技术（发掘语句嵌入的应用潜力，
提升智能系统的服务能力）** ······························ 189

16.1　什么是语句嵌入 ····································· 189

16.2　解锁语义相似度计算，赋能智能问答 ····················· 190

**17　大语言模型 API 框架生态：打造智能应用部署新范式（基于 RAG、
LangChain 和分布式的创新工具与生态系统建设）** ············ 192

17.1　为什么要重视 API 框架生态 ··························· 192

17.2　RAG：结合信息检索的方法创新 ························· 194

17.3　RAG 对大语言模型进化的影响 ························· 196

17.4　LangChain 登场：智链地球村 ························· 199

17.5　LlamaIndex：轻松打造个性化问答聊天 ··················· 201

17.6　LM Studio：你的私人 AI 实验室 ······················· 203

17.7　分布式学习：多 GPU 与多节点训练 ····················· 204

展望篇　迎接大语言模型

**18　大语言模型对未来互联网的影响（大语言模型技术将推动新一代技术
平台的形成）** ·· 208

18.1 新一代技术平台的构建 208

18.2 互联网交互体验的重塑 210

19 大语言模型在各行业的应用前景（大语言模型在医疗、金融、教育等垂直行业的创新应用和潜力） 212

19.1 医疗与 AI 跨越式融合与创新 212

19.2 AI 病理诊断与未来健康 215

19.3 AI 走近焦虑抑郁防线 217

19.4 AI 为下一代教育提供有效建议 221

19.5 AI 无雇员超市的兴起 222

19.6 AI 语音产品与人类的积极互动 223

20 大语言模型时代的社会挑战与应对（大语言模型应用可能带来隐私安全、社会伦理与公平等问题） 225

20.1 不是所有的数据都有权获取 225

20.2 不能因为是 AI 就与伦理无关 226

20.3 AI 可以涉足"公平性"任务吗 228

21 大语言模型技术的发展趋势（展望大语言模型未来的技术突破） 230

21.1 AI 监控街道交通真的很有效吗 230

21.2 AI 解析通缉犯特征 231

22 大语言模型对人类生活的影响（大语言模型技术如何改变人们的日常生活、工作、交流方式） 233

23 深探智能：DeepSeek 大模型技术的新里程（引领中文 AI 新纪元，开启人机共生新篇章） 235

23.1 破茧而出：DeepSeek 的诞生背景 235

23.2 智芯跃迁：技术解码与创新突破 236

23.3 智启未来：应用图景与社会影响 238

参考文献 242

基础篇
初识大语言模型

在 AI 的浩瀚宇宙中，大语言模型如同一颗璀璨的明星，引领着我们探索智能的无限可能。从最初的萌芽到如今的辉煌，大语言模型不仅见证了 AI 技术的飞速发展，更成为推动社会进步的重要力量。本篇旨在为读者揭开大语言模型的神秘面纱，带领大家深入了解这一前沿技术的前世今生、工作原理以及现状与未来。通过系统的梳理和深入的剖析，我们希望能够帮助读者建立起对大语言模型的全面认识，并激发大家对未来 AI 世界的无限遐想。

1
大语言模型是什么（了解 AI 时代大语言模型的前世今生）

1.1 大语言模型什么时候突然走进我们的视野

大语言模型（Large Language Model，LLM）似乎一夜之间就走进了大众视野，并迅速传播开来。提到 LLM，大多数人首先会想到 ChatGPT，它提供的对话服务与人类语言能力相仿，因此备受瞩目。然而，在 ChatGPT 出现之前，虽然已有类似的对话型存在，但由于操作门槛较高，它们并未像 ChatGPT 那样广泛普及。

ChatGPT 于 2022 年 11 月发布，短短几天内全球用户就突破了 100 万人，迅速在全球范围内引起了极大关注。其用户数量的迅速增长显示了它惊人的传播速度。这一新兴事物为何能如此迅速地被世人接受呢？

从技术和知识传播的角度来看，图像生成 AI 的热潮兴起是一个不容忽视的因素。自 2022 年夏天起，诸如 Stable Diffusion 和 Midjourney 等面向普通用户的图像生成 AI 服务相继问世，并在各类社交网络上引发了大量的图像共享。图像生成 AI 是一种能够根据输入的文章或关键词生成相应联想图像的技术，其中 Stable Diffusion 和 Midjourney 尤为知名。因此，当人们意识到 AI 不仅能够"画画"，而且画得相当出色，甚至开始涉足过去由人类主导的创作领域时，心理上对 AI 的抗拒逐渐减弱。

确实，很多人都有同感。图像生成 AI 的普及为新技术的被接受奠定了基础，因此很多人对同样能生成文本的 ChatGPT 也持友好态度（见图 1-1）。当然，ChatGPT 的发展至今已不仅限于文本生成，它在图像、声音、视频等各种创作领域都取得了显著的进步。

图 1-1　图像生成 AI 的普及降低了人们对 AI 技术的使用门槛。随着 AI 技术在各个领域的广泛应用和出色表现，人们对 AI 的抗拒心理逐渐减弱。AI 技术的发展不仅受技术本身进步的推动，还受到社会需求、用户接受度等多种因素的影响

1.2　追溯大语言模型的前世

在 ChatGPT 问世之前，已经存在能够生成文本的 AI 模型，但这些模型主要面向软件开发人员，对于普通用户而言，使用门槛相对较高，其中一个典型的模型就是 GPT-3。而 ChatGPT 中采用的则是相当于优化升级版的“GPT-3.5”模型。

大家可能注意到，GPT-3 和 GPT-3.5 这两个模型名称中都包含“GPT”这个词。实际上，“GPT”是“Generative Pre-trained Transformer”的缩写（见

图 1-2）。其中，"Generative" 意为 "生成"，"Pre-trained" 意为 "预训练"，而 "Transformer" 则是一种 AI 学习模型，通常可以翻译为 "转化器" 或 "变换器"。将这些词汇组合起来，GPT 即为 OpenAI 公司提供的一种 AI 模型的名称，它代表着一种预训练的生成模型。

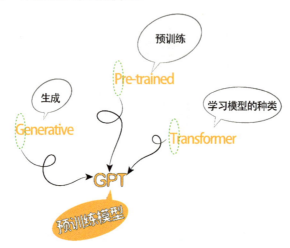

GPT 是 OpenAI 公司提供的 AI 模型的名称，意为 "预训练模型"。
图 1-2　通过 "GPT" 这一简洁而富有描述性的缩写，OpenAI 成功地为其 AI 模型建立了品牌识别

从 GPT-3 到 GPT-3.5 的演变，不仅体现了 AI 技术的不断进步和迭代，也揭示了技术领域中持续创新和优化的重要性。这一变化不仅影响了 AI 模型的开发者，更对普通用户产生了深远的影响。

ChatGPT 通过优化和升级，成功降低了使用门槛，使得更多普通用户能够轻松使用。这也是 ChatGPT 备受关注的核心原因之一。

GPT 系列模型都是基于预训练技术的，这较为明显地显示了预训练模型在 AI 领域的重要价值。通过预训练，模型可以在大量数据上学习到丰富的知识和模式，从而为后续的任务提供更好的起点和性能。

GPT 的概念或许初听起来略显高深，但实质上，它与传统的 AI 开发模式存在显著差异，这一差异不妨用日常生活中的烹饪来比喻说明。传统 AI 开

发，好比亲手熬制一锅正宗的牛肉汤，需从牛骨熬汤起始，细心调配各式调料，再经慢火细炖，整个流程繁复且耗时，恰如许多人对 AI 开发的传统认知：需让 AI 模型通过海量数据学习，方能提升其智能，这一过程无疑需要投入大量时间与精力。

相比之下，GPT 模式则如同享用便捷的牛肉罐头。只需从冰箱中取出，轻松开罐，放入微波炉快速加热，即刻便能品尝。GPT-3 等模型，正是通过预先学习互联网上的庞大数据，达到了高度的"智能化"。人们只需通过模型的 API 接口，便能轻松获取其服务，享受 AI 带来的便利。简而言之，GPT 使得 AI 的应用变得更为简便、更加贴近生活（见图 1-3）。

图 1-3　GPT 模式的出现，极大地简化了 AI 开发和应用的流程。GPT 模式降低了 AI 应用的门槛，使得更多的人和企业能够轻松享受到 AI 带来的便利

人们或许已经洞察到，GPT 之所以取得巨大成功，关键在于其预训练模型的有效运用。通过预先学习海量数据，GPT 模型达到了高度的智能化水平，进而为用户提供更加精确、高效的服务。这一现象深刻启示我们，在 AI 开发的征途中，应高度重视预训练模型的建设与应用，将其作为提升 AI 能力的基石。GPT 模式的成功主要归结于以下两个方面。

- GPT 模式极大地拉近了 AI 技术与人们生活的距离，为日常生活和工作带来了前所未有的便利。因此，在推动 AI 技术发展的进程中，我们应始终注重其实用性和生活化，确保 AI 技术能够更好地服务于人类社会。

- ChatGPT 的成功绝非偶然，而是多年技术积累与研究的结晶。它植根于深度学习和自然语言处理技术的长期发展，得益于大量数据和计算资源的支持。正是通过持续的模型优化、训练和调整，ChatGPT 才最终实现了其卓越的语言理解和生成能力。可以说，ChatGPT 的成功是常年积累和技术迭代的结果，为 AI 领域的未来发展树立了典范。

接下来的一小节，我们将一起深入探讨预训练模型如何以其独特的优势为人们的生活和工作带来巨大的改变。从智能助手到自动化办公，从个性化推荐到智能客服，预训练模型正以其强大的学习能力和泛化能力，不断拓展 AI 技术的应用边界，为人们的生活带来更加便捷、高效和智能化的体验。

1.3 预训练模型的兴起：AI 进化的方向

在广阔的世界里，孩子通过不断地看、试、做，学会了走路、说话，还慢慢懂得了世界的一些基本规律。这个过程，其实和人工智能里的"预训练"很像，都是从不懂事到变聪明的一个必经之路。

预训练，就像是给 AI 模型提供了一个自由学习的大环境。在这个环境里，模型可以接触到海量的数据，这些数据就像是大海里的水，虽然没人告诉它每滴水是什么意思，但模型自己能从中吸取到很多有用的知识。这些知识不光包括语言的结构和语法，还有很多关于世界的常识。经过这样的预训练，AI 模型就像是学会了走路的孩子，有了扎实的基础，以后学什么东西都更容易了。这为它以后变得更聪明、更强大打下了坚实的基础。

完成这一阶段的"基础教育"后，AI 模型面对特定任务时，仅需针对少量数据进行微调，便能迅速释放其潜能。这种微调能力，不仅使 AI 模型在文本生成、语言理解及众多复杂机器学习任务中都能游刃有余，更展现了其从通用智能向特定领域智能进化的潜力。

　　尤其是 2020 年发布的 GPT-3，其参数规模高达 1750 亿，在 AI 领域掀起了滔天巨浪。这些预训练模型不仅在众多通用任务上表现出色，更为后续特定任务的训练奠定了坚实的基础。借助迁移学习或微调等先进 AI 技术，这些模型能够迅速适应新任务，实现性能的优化与提升，仿佛拥有了"变形金刚"般的神奇变幻能力，进一步推动了 AI 从单一任务向多任务、从简单向复杂进化的趋势。

　　它们能够捕捉语言、图像以及多模态信息，显著提升机器学习任务的效率与准确性。如同聪明的助手，帮助我们更快、更准确地完成各种任务，让生活变得更加便捷与高效。

　　令人感到神奇的是，这些模型的发展也遵循着"幂律"（Power Laws）（见图 1-4）这一简洁而强大的规律，指导着模型的设计与训练，推动着人工智能领域不断突破边界，迈向更加智能化、高效化、多元化的未来。

图 1-4　幂律作为一种简洁而强大的规律，在 AI 模型的发展中发挥着重要的指导作用。它揭示了模型性能与关键要素之间的非线性关系，为模型的设计与训练提供了有力的理论支撑

其中，"参数数量""数据集大小"以及"计算预算"是三大核心要素。简而言之，模型的性能往往随着这些要素的增加而显著提升，展现出指数级增长的潜力。更为重要的是，预训练模型的兴起为生成式 AI 的发展奠定了坚实的基础。

可以说，预训练模型是 AI 的智慧启蒙老师，而"幂律"则是这位老师手中的魔法棒。它们共同拉开了大规模 AI 时代的序幕，不仅指明了 AI 从基础智能向高级智能、从单一领域向多领域进化的方向，更为生成式 AI 的蓬勃发展提供了强大的动力和支撑。

那么，生成式 AI 和传统 AI 有什么显著的不同呢（见图 1-5）？

- 传统 AI 更加关注已有内容的简单提取或分类。例如，在利用 AI 制作新闻报道的服务中，AI 主要负责从事实内容中提取重要的信息。虽然其过程很复杂，但说到底只是进行提炼、概括，并没有创造出新的东西。

- 生成式 AI，例如 ChatGPT 等 GPT 模式的 AI 服务，可以将少量信息扩充成新的文本。例如，一个简单的句子作为输入："人工智能正在改变世界"。而 GPT 等生成式 AI 服务则会输出类似："人工智能正在以前所未有的速度改变着我们的世界。从智能家居到自动驾驶汽车，从智能医疗到金融科技，人工智能已经渗透到我们生活的方方面面。它不仅提高了工作效率，还为我们带来了更加便捷、智能的生活体验。"这样的句子。

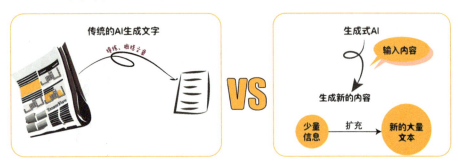

图 1-5　生成式 AI 能够根据少量信息快速生成符合语法规则、语义清晰且富有逻辑的新文本。这种创新能力不仅提高了工作效率，还为人们带来了更加便捷、智能的生活体验

从图 1-5 中可以明确观察到，传统 AI 主要聚焦于对既有内容的解析与分类任务，而生成式 AI 则展现出了创造全新内容的强大能力。这一特性使得生成式 AI 在内容创作、数据增强等多个领域展现出更为广阔的应用前景和巨大潜力。从传统 AI 向生成式 AI 的演进，不仅彰显了 AI 技术的持续进步与深刻变革，还极大地拓宽了 AI 技术的应用范畴，为未来的 AI 发展开辟了更多元化的路径和可能性。

在全球范围内，持续追踪技术前沿动态，深入理解生成式 AI 等新兴技术的发展趋势及其应用场景，对于国家而言至关重要。这有助于国家从宏观战略高度准确把握技术发展的脉搏，为制定相关政策提供坚实的科学依据，从而更好地引导和支持 AI 技术的健康、快速发展。

1.4 生成式 AI 时代的到来：大语言模型"TOP-1"

生成式 AI（Generative AI），是指通过学习大量内容，产生全新的原创成果的 AI。这一 AI 领域的前沿探索，正以其独特的魅力和无限的潜力，引领着技术革新的新潮流。它不仅仅是一种技术的迭代，更是对人类创造力边界的一次勇敢探索。在生成式 AI 的广阔天地里，大语言模型以其卓越的性能和广泛的应用前景，无疑站在了这个时代的巅峰，成为 TOP-1 的存在。

生成式 AI 并非凭空创造内容，而是建立在庞大的数据集之上，通过反复学习这些数据并精细调整众多参数，以生成更为优质和精准的输出。此外，用户还能对生成的内容进行反馈和评价，这一机制有助于进一步提升生成式 AI 的性能，使其能够产出更加符合用户需求和期望的内容。图 1-6 是一个经典的生成式 AI 的结构。

10. 大话大语言模型

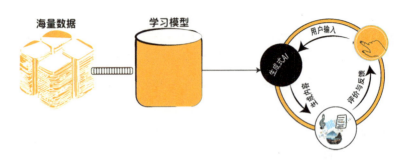

图 1-6 生成式 AI 通过反复学习数据并精细调整参数来生成优质输出。AI 技术的提升是一个持续不断的学习和优化过程，需要不断地迭代和改进

从图 1-6 中可以看到，生成式 AI 的工作原理是这样的：它先通过不断学习大量数据和调整自己的设置，来学会怎么生成我们想要的内容。学完之后，它会根据学到的知识和当前的情境，来猜最可能的结果是什么。然后，它会拿这个猜的结果和真实的情况去比对，如果发现不对，它就会根据这个反馈去调整自己的设置，好让下次猜得更准。这个过程会重复很多次，直到它的猜测足够准确，让人满意。就这样，通过不断地学习、猜测和根据反馈调整，这种大型的语言模型就能慢慢提高自己的语言理解和生成能力，在很多和自然语言处理有关的任务上表现得非常出色。

由于"大语言模型"这一概念在当下极为热门，人们或许对"生成式AI"这一术语相对陌生。事实上，大语言模型作为生成式 AI 领域中的一个杰出代表，仅仅是其广泛应用的分支之一。

下面，让我们一同了解大语言模型重要的进化方向。

1. 语言生成模型

如上节所述，以 GPT-3 为杰出代表的生成式 AI 技术，在全球范围内掀起了一股前所未有的关注热潮，极大地激发了各大科技实体对于开发先进大语言模型的兴趣与竞争。GPT-3 的卓越表现，诸如能够生成软件程序代码，根据日常口语指令自动生成精美的 Web 设计方案，或是仅凭一个故事的开头便能创造性地续写其后续情节，这些直观且令人印象深刻的能力，即便是对于那些对 AI 技术并不特别感兴趣的普通大众而言，也能轻松理解和感知到其强大的性能与潜力（见图 1-7）。这一引领潮流的趋势并未减缓，反而随着时间的推移愈发强劲，AI 领域的语言生成模型在技术的不断迭代与优化下，正以前所未有的速度成长与壮大，预示着 AI 技术在未来将更加深入地融入并改变我们的日常生活与工作方式。

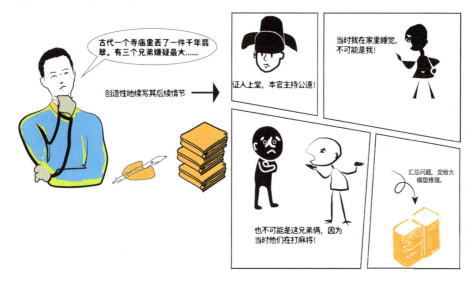

图1-7　以 GPT-3 为代表的生成式 AI 技术已经引起了全球范围内的广泛关注，AI 技术正朝着更加智能化、人性化的方向发展，能够生成符合人类需求和期望的内容

　　GPT-3，这款以 4900 亿个词元（Token）为学习基础的模型，凭借其 1750 亿的庞大参数规模，在发布之初便被视为技术领域的一项里程碑式成就。随后，2022 年见证了微软与英伟达的强强联手，共同推出了 Megatron-Turing NLG，该模型参数规模进一步攀升至 5300 亿，再次拓宽了技术的边界。谷歌亦紧随其后，成功研发出参数超过 1 万亿的 GLaM 模型，而 Meta 亦不甘示弱，透露出开发数万亿参数规模模型的宏伟蓝图。

　　然而，语言模型面临的一个核心挑战是其对特定语言的依赖性。专为英语设计的 AI 模型在应用于中文等其他语言时，往往显得力不从心。为应对这一挑战，全球各国正积极致力于研发适用于本国语言的 AI 模型。

在中国，一系列具有重大影响的 LLM 正如雨后春笋般不断涌现。众多领先的企业与研究机构已成功研发出参数规模庞大、专为中文优化的 AI 模型。这些模型在中文文本的理解、生成与处理方面均表现出卓越的性能，为中文自然语言处理领域注入了新的活力与机遇。

其中，百度公司研发的文心一言堪称这一领域的佼佼者。作为基于文心大模型的知识增强大语言模型，文心一言不仅具备理解复杂指令、生成多样化文本的能力，还擅长知识问答、文本创作、数学计算、代码理解与编写等多种任务。更为引人注目的是，它还支持图像生成与处理、语音合成与识别等多模态生成功能。文心一言作为百度在 AI 领域的杰出成果，已在中文自然语言处理领域占据重要地位，为众多应用场景提供了强大的语言生成与理解能力。

遵循"幂律"的趋势，各国正逐渐形成参数数量愈发庞大的语言模型，预示着自然语言处理技术的未来充满无限可能。

2. 图像识别模型

随着人工智能技术的飞速跃进，LLM 的界限正被逐步打破，其能力范畴已远远超越单纯的文本数据处理，正积极向图像、音频等多模态信息融合领域拓展。这一模糊化趋势不仅彰显了 AI 技术的迅猛发展与创新活力，也预示着未来 LLM 的概念与边界将持续演变与扩展。因此，我们需要保持开放思维与敏锐观察，以期更好地捕捉并引领这一领域的发展潮流与机遇。

GPT 系列模型在自然语言处理领域的卓越表现，启发我们将类似原理应用于图像识别（分类）领域，而 CLIP（Contrastive Language-Image Pretraining，对比性语言-图像预训练）正是这一理念的杰出实践。CLIP 由 OpenAI 于 2021 年 1 月推出，它开创了图像与文本理解融合的新纪元。该模型巧妙融合了 GPT-3 的强大语言处理能力，并通过学习高达 4 亿套的图像及其详细文本描述，实现了跨模态理解的重大突破。用户仅凭自然语言描述，即可精准检索到与之高度匹配的图像，极大地拓宽了图像搜索的边界。

相较于传统图像识别技术，CLIP 展现出显著优势。传统有监督学习方法通常依赖于预设的"文本标签"与"图像"配对进行学习，这种方式在检索过程中受限于预设标签的组合，缺乏灵活性。例如，在搜索"吃水果的小松鼠"时，系统可能仅根据"水果"和"松鼠"这两个独立标签进行筛选，难以捕捉到更细腻或抽象的概念。

然而，CLIP 通过直接学习文本描述与图像之间的对应关系，成功打破了这一局限。它省去了为新任务重新标注数据的烦琐步骤，显著增强了模型处理多样化查询的能力。在推理过程中，CLIP 能够自由指定类别进行分类，使其更加灵活多变、适应性强，更好地满足了实际应用中的多样化需求。

借助 CLIP 的强大功能，用户不仅能轻松搜索到如"吃水果的小松鼠"这样具体生动的图像描述，还能进一步拓展搜索范围，探索如"与吃水果的小动物相似的图片"这类更复杂、更抽象的请求。CLIP 不仅实现了从"文本到图像"的精准匹配，还支持"图像到图像"的联想搜索，即根据一张图像找到与其内容相似或相关的其他图像。这种跨模态搜索能力极大地提升了用户体验，使搜索过程更加直观高效，充分满足了用户对多样化、精细化搜索结果的迫切需求。

图 1-8 为研究人员利用 CLIP 和 GPT-2 模型实现零样本图像到文本的生成案例，即给定一张图像，自动生成描述该图像的文本。

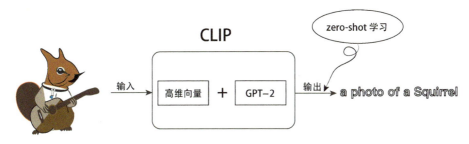

图1-8　通过将 CLIP 与 GPT-2 进行巧妙融合，我们能够最大限度地发挥两者在图像文本相似性理解和文本生成方面的独特优势，进而实现效果的显著提升

在这个零样本图像字幕生成的案例中，研究人员精心选择了 CLIP 和 GPT-2 两个模型。CLIP 模型通过对比预训练技术，在大规模图像-文本对数据集上深入学习了图像和文本之间的相似性表示。与此同时，GPT-2 作为强大的语言模型，被用来生成连贯的文本序列。

在实际工作流程中，用户首先会输入一张需要描述的图像。接着，利用 CLIP 的图像编码器，将这张图像转化为高维向量表示。然后，根据具体任务需求，构造一个如 "a photo of a …" 的初始文本提示，作为 GPT-2 生成文本的起始点。通过将 CLIP 的图像向量与 GPT-2 相结合，研究人员能够精细地调整 GPT-2 的生成过程，确保生成的文本与输入图像高度相关。具体来说，他们利用 CLIP 计算生成的文本与图像之间的相似性分数，这个分数会作为 GPT-2 生成下一个单词时的重要指导信号。GPT-2 则根据这个信号和当前生成的文本，迭代地生成下一个单词，直到生成完整的句子或达到预设的长度限制。

为了进一步提升生成文本的质量，研究人员对 GPT-2 的生成过程进行了微调，包括引入额外的损失函数来优化文本与图像之间的相似性。同时，他们还巧妙地利用 CLIP 的文本编码器对生成的文本进行编码，并将其与图像向量进行对比，以更精确地指导生成过程。

图 1-8 案例形象地展示了 zero-shot 学习的灵活性，即无须针对特定数据集进行烦琐的训练，就可以直接应用于新的图像和文本领域。同时，CLIP 和 GPT-2 的结合也凸显了多模态学习的强大潜力，即能够结合视觉和语言信息来执行复杂的任务。这种零样本图像字幕生成技术具有广泛的应用前景，如在社交媒体、电子商务、图像搜索等领域，都可以为用户提供更加便捷和智能的图像描述服务。通过这个案例，我们可以深刻感受到 GPT-2 结合 zero-shot 的 CLIP 模型在视觉与语言任务中的巨大潜力，以及它们如何携手推动多模态学习领域的发展。

此外，CLIP 的广泛应用潜力不可小觑。它不仅为图像检索领域带来了革命性的变革，还为图像生成、创意灵感激发、教育辅助等多个领域开辟了全新的可能。随着技术的不断成熟与优化，CLIP 有望成为连接人类语言与视觉世界的桥梁，进一步推动 AI 技术的全面发展。

3．图像生成模型

当 OpenAI 推出 CLIP 模型的同时，他们还揭晓了另一个引人注目的创新——"DALL-E"，这是一款独具匠心的图像生成模型。DALL-E 不仅巧妙地融入了 GPT-3 的先进技术，而且其独特之处在于它能够根据文本描述，创造出与之高度匹配的图像内容。这一特性使得从文章到图片的转化过程变得前所未有地生动与直观，为用户带来了全新的创作体验。接下来，让我们一同沉浸在这个奇妙的旅程中，通过实例来感受如何用图像生成模型将文章转化为栩栩如生的图像的场景，见证文字与视觉艺术的完美融合（见图 1-9）。

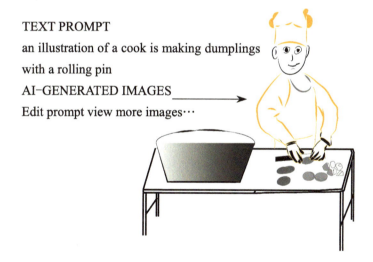

TEXT PROMPT

an illustration of a cook is making dumplings
with a rolling pin

AI-GENERATED IMAGES

Edit prompt view more images⋯

图 1-9　DALL-E 模型的成功应用展示了文字与图像之间的紧密联系和相互转化。这种融合不仅为文学创作提供了新的视觉呈现方式，也为图像创作提供了更多的灵感和素材来源

- 厨师
- 饺子
- 面盆
- 擀面杖

这样一组形象化的语言组合，生成了图像。

诸如 DALL-E 及其同类模型之所以引人注目，核心在于它们的创造力而非简单的复制能力——这些模型并非仅仅检索并呈现已有学习图像库中的内容，而是能够基于深度学习算法，自主地生成全新的、前所未有的图像。这一特性标志着 AI 在图像生成领域迈出了革命性的一步。

尽管这些模型的初始学习数据源自对互联网海量信息的爬取与整理，涵盖了广泛的视觉元素与风格，但一个引人入胜的问题也随之而来：模型最终输出的图像，在多大程度上超越了其原始学习集，实现了真正的"创新"？这一点尚难以明确界定。

在此背景下，有观察者提出了深刻而引人深思的评价："AI 开始侵蚀创意的世界了。"这一论断不仅触及了技术进步对艺术创作领域可能带来的影响，也隐含了对人类创造力与 AI 生成能力之间界限的探索。

它也提示我们人类，随着 AI 技术的飞速发展，创意产业的边界正在被重新定义，传统意义上的"原创"概念或许将面临挑战。同时，这也促使我们思考如何在鼓励技术创新的同时，保护并激发人类自身的创造力，确保在 AI 辅助的新时代，人类的艺术灵感与想象力不仅不被侵蚀，反而能得到进一步的激发与升华。因此，理解并引导 AI 在创意领域的应用，成为当前及未来亟待解决的重要课题。

2022 年 4 月 6 日，OpenAI 发布第二代图像生成模型 DALL-E 2，标志着 AI 艺术创作进入新纪元。该模型通过 120 亿参数的 CLIP-ViT 架构实现跨模态对齐能力，在图像分辨率（提升至 1024×1024）和语义理解准确率（相比初代提升 37%）上取得突破。其商业化采取 API 按量计费模式，生成单张图像成本约 0.02 美元，开发者需通过审核获取访问权限。这种策略虽保障了技术壁垒，但也导致中小开发者与个人用户难以触达核心技术。

三个月后的 7 月 12 日，独立研究团队 Midjourney 推出同名模型测试版，通过 Discord 订阅制服务（基础套餐 10 美元/月）迅速占领 C 端市场。其技术特点如下。

1）混合扩散架构：融合潜在扩散与像素级精修，在艺术风格化输出上超越同期产品。

2）动态提示优化：首创基于用户反馈的实时迭代机制（Prompt2.0系统）。

3）封闭生态：全程云端运行，未开放任何模型代码或本地部署选项。

2022年8月22日，Stability AI正式开源Stable Diffusion 1.4，引发行业地震。该模型的技术创新与产业影响体现在：

（1）技术民主化突破

1）首个支持消费级GPU本地运行的图像生成模型（最低8GB显存需求）。

2）训练成本降至DALL-E 2的1/15（约60万美元）。

（2）开源生态建设

1）配套发布Diffusers库与DreamBooth微调工具。

2）GitHub仓库首周收获2.7万星，衍生项目超400个。

（3）商业模式创新

1）核心模型MIT协议开源，通过StableStudio等商业应用实现盈利。

三大模型的并立催生出两条技术发展路径。

1）闭源服务化（DALL-E 2、Midjourney）：专注用户体验优化，Midjourney V3（2022年11月）引入风格迁移引擎，订阅用户突破百万。

2）开源社区化（Stable Diffusion）：2022年10月发布的2.0版本支持图像修复与超分重建，开发者社区贡献了ControlNet（2023年1月）等突破性插件。

产业影响数据对比

指标	DALL-E 2 (2022)	Midjourney (2022)	Stable Diffusion (2022)
日均生成量	180万张	950万张	无法统计（本地部署）
开发者生态规模	1200个API接入	无开放接口	4.3万GitHub贡献者
技术论文引用量（年）	287次	89次	1562次

这场技术竞赛的本质是中心化服务与分布式创新的对决。**Stable Diffusion** 的开源不仅降低了技术门槛（半年内催生 50 余个衍生模型），更推动 AIGC 工具渗透率从专业领域向大众市场快速扩展，为后续 Stable Diffusion XL (2023) 和 SD3 (2024) 的技术迭代奠定基础。

在国内，图像生成技术领域已取得了显著成就，涌现出一系列杰出的 **LLM**。例如，百度的文心一格和腾讯的混元文生图大模型（Hunyuan-DiT）便是其中的佼佼者。此外，**GitHub** 等开源平台也汇聚了大量与图像生成紧密相关的项目和库，为开发者提供了丰富的资源。这些模型和软件不仅极大地丰富了用户的创作手段，更为图像生成技术的持续进步与创新注入了强劲动力。

如今，在开源社区的共同努力下，我们有理由相信图像生成技术将会不断发展和进步，为各个领域带来更多的惊喜和突破。无论是艺术创作、广告设计，还是科学研究、教育培训，图像生成技术都将发挥着越来越重要的作用。而 Midjourney 和 Stable Diffusion 等开源模型的发布，无疑为这一进程注入了新的动力和活力。

LLM 的进化方向是多元且广泛的，除了上述介绍的几种进化趋势之外，主要还有以下几个方向。

（1）模型规模的持续扩大

- 参数量的增加：随着计算能力的提升，**LLM** 的参数量不断攀升。例如，从 GPT 系列的发展来看，GPT-3 的参数量已经达到了千亿级别，而后续模型如 GPT-4 等更是在此基础上进一步扩展。更大的模型规模意味着更强的学习能力和更广泛的应用潜力。
- 硬件加速器的支持：高端 AI 芯片如英伟达的 A100 GPU 等已成为大模型高效训练的核心。同时，AI 芯片自研和算力优化也成为重要手段，如谷歌的 Tensor G3 芯片、微软的 Maia100 和 Cobalt100 芯片等。

（2）多模态数据融合

- 跨模态能力：未来的 LLM 将不再局限于文本处理，而是整合视觉、听觉等多种感官信息，形成多模态的交互能力。例如，能够理解图像内容并生成描述性文本的模型，或者能够将语音转换为文本并进行语义理解的系统。

- 应用场景的拓展：多模态数据融合将使得 LLM 能够应用于更多领域，如自动驾驶、艺术创作等，从而极大地拓宽其应用范围（见图 1-10）。

图 1-10 多模态数据融合将使得 LLM 具备更强的跨模态理解与交互能力。这不仅能够提升模型的智能化水平，还能够使其更好地适应复杂多变的应用场景，满足用户多样化的需求

（3）自适应和迁移学习能力的提升

- 任务迁移本领：LLM 就像个聪明的学生，通过预先学习和稍微调整，就能轻松地把在一个任务上学到的知识用到另一个任务上。这样，LLM 就能更快地适应新任务，变得更灵活、更实用。
- 自我进化本领：LLM 还在不断锻炼自己的自我学习和自我提升能力，就像生物在不断进化一样。它能通过持续学习、强化学习等方法，不断优化自己的性能和行为，以更好地适应不断变化的环境和任务需求。

（4）垂直领域专用大模型的开发

- 行业定制化：针对特定行业的应用需求，LLM 将被定制化以适应特定场景的需求。

- 高质量数据的需求：专用大模型的开发需要高质量、稳定的数据供给以及清晰的规则和明确的需求定义。这将有助于提升模型在特定行业中的性能和应用价值。

然而，在运用 LLM 技术的过程中，当前及未来或将持续面临一系列挑战，这些问题在使用生成式 AI 时尤为关键，需予以高度重视：

- 知识的不完整性。
- 信息的错误性。
- 信息的偏颇性。
- 侵犯著作权和隐私

以"著作权与隐私权侵犯"问题为探讨核心，我们聚焦于 LLM（假设为某自动生成图像的技术或系统）所产出的图像在版权法律框架下的处理方式。具体而言，需审视以下几个关键问题：

- 生成图像的作品性质认定：LLM 自动生成的图像是否构成法律意义上的"作品"，从而受到版权法的保护？
- 著作权归属明确：在 LLM 生成的图像被认定为作品的前提下，谁是该作品的合法著作权人？
- 著作权侵权风险评估：LLM 生成图像的行为，特别是在利用现有受版权保护材料作为输入时，是否构成对原作品著作权的侵犯？

首先，我们要弄清楚"作品"在版权法中的含义。一般来说，它指的是那些具有独创性，并且能以某种方式展现出来的智力创作。那么，对于 LLM 自动生成的图像，如果它们不仅仅是复制现有的，而是加入了独特的"创意"，理论上讲，这些图像有可能被视为作品。但这还要看法律怎么定义"独创性"，以及是否认可机器创作的合法性。

接下来，如果这些图像真的被认定为作品，那么著作权归谁呢？原则上，著作权是归创作者所有。但 LLM 是个机器，它没有法律上的"创作意图"或"作者身份"（见图 1-11）。这个问题，法律界和学术界还在争论不休。有的人认为，著作权应该归 LLM 的开发者或使用者，因为他们设置了参数、提供了数据；也有人觉得，应该为这类 AI 产生的作品制定新的规则。

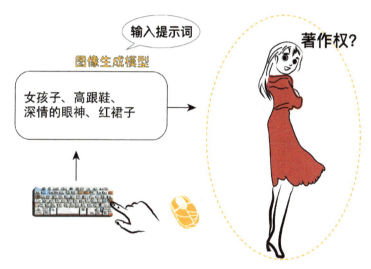

图 1-11　LLM 自动生成的图像在版权法上的处理是一个新兴且复杂的领域。随着技术的进步，法律也需要不断更新，以适应这些新挑战

最后，关于 LLM 生成图像时是否会侵犯别人的著作权，这主要看它是怎么学习和生成图像的。如果 LLM 在训练过程中未经允许用了很多受版权保护的图像数据，那么生成的图像里可能就有这些原始作品的影子，这样就可能构成侵权。但如果 LLM 的设计和使用都严格遵守了版权规定，比如只用授权的数据进行训练，那么侵权的风险就会小很多。

2

大语言模型是如何工作的（解密大语言模型的工作原理）

2.1 大语言模型：放大版的生成式 AI

LLM 作为生成式 AI 领域中的佼佼者，其工作机制虽与生成式 AI 同源，但却拥有独特的魅力与实力。简而言之，LLM 是一种深度学习模型，它凭借庞大的参数数量和海量的文本数据，深入探索语言模式、语法结构及语义内涵，从而精准地理解和生成人类语言。

LLM 的运作流程可概括为三个关键步骤。

- 预训练：这一步骤中，LLM 会在无数无标注的文本数据中摸爬滚打，逐步掌握语言的通用表达方式，为后续的任务奠定坚实基础。

- 微调：接下来，LLM 会在特定任务的数据集上接受进一步训练，以便更好地适应翻译、摘要、问答等多样化的应用场景。

- 推理：最后，LLM 会根据输入的文本，迅速生成与之相关的响应或进行文本创作，展现出其强大的生成能力。

或许有人会心生疑惑：既然模型在经历预训练阶段后已经展现出了强大的智能潜力，那么为何还需要进行后续的微调过程？这个问题触及到了深度学习模型优化与应用的核心。预训练，作为模型学习的基础阶段，确实能让模型捕捉到大量通用的特征与模式，从而在广泛的任务中表现出一定的泛化能力。然而，预训练模型的强大之处在于其提供了一个优秀的起点，而非终点（见图 2-1）。

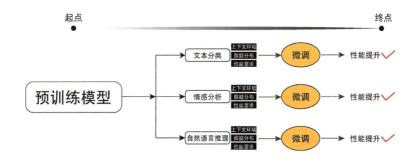

图 2-1　通过微调能够使模型更精准地匹配特定任务的数据模式和特征，显著增强其在目标任务上的性能表现。在提升模型泛化能力的同时，也须兼顾在具体应用场景中的适应性和准确性

微调的必要性在于，它能够使模型更好地适应特定任务的需求。每个具体任务都有其独特的上下文、数据分布和性能要求，预训练模型虽然具备广泛的知识基础，但可能无法直接精准解决每个具体任务的细微差别。通过微调，我们可以针对特定任务的数据集对模型进行进一步的训练，调整模型参数，使其能够更加精确地拟合该任务的特定模式，从而提升在目标任务上的表现。

推理阶段，LLM 展现出比一般生成式 AI 更为强大的推理能力，这主要得益于其深度学习架构、大规模训练数据以及先进的算法设计。

重点强调一下 LLM 在训练时所依赖的训练数据。这些数据覆盖了广泛的主题和领域，为 LLM 提供了丰富的语言知识和常识基础。通过在大规模、多样化的数据集上进行深入训练，LLM 能够深刻理解语言的结构和含义，并有效捕捉上下文中的微妙变化和复杂关系。

在推理过程中，LLM 能够充分利用这些广泛的知识基础，深入理解输入的上下文信息，并根据这些信息生成连贯、准确且富有逻辑的响应。这种强大的上下文理解和生成能力使得 LLM 在对话系统、问答系统等多个应用场景中表现出色。在对话系统中，LLM 能够根据用户的输入和对话历史，迅速生成符合语境和逻辑的回复，从而提供流畅、自然的交互体验。在问答系统中，LLM 则能够准确理解问题的意图和关键点，生成详细、准确的答案，满足用户的查询需求（见图 2-2）。

图2-2 LLM 通过深度学习架构、大规模训练数据、先进的算法设计、上下文理解和生成能力以及持续学习和优化等多个方面展现出比一般生成式 AI 更为强大的推理能力

基于上述分析，我们可以确信 LLM 在生成式 AI 领域占据着举足轻重的核心地位，其优势显著且多维，具体可归纳如下。

（1）规模优势

● 参数量庞大：LLM 拥有数十亿乃至数千亿的参数规模，远超传统语言模型，这一特点使其能够捕捉到更为丰富和细腻的语言特征与模式，为模型的强大性能奠定坚实基础。

● 数据规模广泛：在训练过程中，LLM 吸纳了来自多个领域和来源的海量文本数据，这不仅增强了模型的通用性，还显著提升了其准确性，使其在处理各种语言任务时游刃有余。

（2）性能优势

● 卓越的上下文理解能力：LLM 能够深入剖析输入文本的上下文信息，生成既连贯又相关的输出内容，为用户带来仿佛与真人对话般的自然体验。

- 强大的多任务处理能力：部分大型 LLM 甚至具备同时处理多种语言任务的惊人能力，展现出极高的通用性和实用性，令人叹为观止。
- 出色的文本生成能力：除了理解语言外，LLM 还能生成出语法正确、逻辑连贯的文本内容，其生成效果之逼真，往往让人难以分辨是出自机器还是人类之手。

（3）应用优势

- 传统语言模型主要应用于文本分类、情感分析等较为简单的 NLP 任务，而 LLM 则广泛应用于文本生成、问答系统、信息检索、语言学习等多个领域，推动了生成式 AI 的蓬勃发展。

2.2 大语言模型的左膀右臂：微调与提示

当前，LLM 已成为 AI 领域自然语言处理的核心驱动力。这些模型通过海量数据的学习和复杂架构的设计，展现出了惊人的文本生成和理解能力。然而，要使这些庞然大物在实际应用中发挥最大效用，两大关键技术不可或缺：微调（Fine-tuning）与提示（Prompting）。

众所周知，人类认识世界及与他人交流的核心，本质上是一个信息传递与解读的过程。在此过程中，语言作为首要的交流媒介，承载着我们的思维、情感及需求。同样，对大语言模型而言，有效获取并处理上下文信息是理解人类多样化需求、实现高效交流的关键所在。

在构建之初，预训练模型便通过在大规模语料库中的自监督学习，积累了一定的语言智能。这种智能使模型能够初步掌握语言的规律、结构及含义，为后续的任务处理打下坚实基础。然而，仅凭预训练并不足以使 LLM 完全胜任复杂多变的实际应用场景。因此，在预训练的基础上，LLM 还需进一步加工，并使用针对特定下游任务的数据集对模型进行微调。值得一提的是，大语言模型通常指的是具有大规模参数和丰富语言表达能力的模型，而预训练语言模型则更强调模型在大量文本数据上进行预训练的过程和目的。在实际应用中，大语言模型往往也是预训练语言模型的一种，但它们之间的区别主要在于规模和能力的不同。

如图 2-3 所示，展示了如何利用 LLM 进行微调以解决情感分析任务，旨在让读者直观地感受到微调和提示在 LLM 工作中的核心作用。

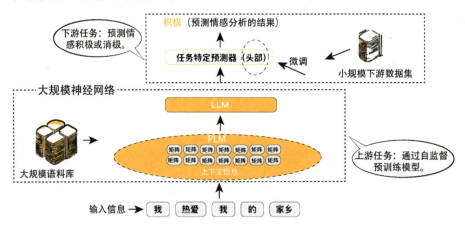

图 2-3　在微调过程中，设计一个简洁的"任务特定预测器"（即模型头部）是重要的。这种设计可以确保在快速适应新任务的同时，最大限度地保留预训练模型中的宝贵知识

预训练的大规模神经网络在自然语言处理领域占据核心地位，尤其是 LLM 与预训练语言模型（PLM），后者负责将输入信息转换成 LLM 可解析的格式。这些模型通过海量数据的预训练过程，深刻捕捉到语言的内在规律和广泛的世界知识，为后续多样化的自然语言处理任务奠定了坚实的基础。

为了将这些预训练模型的强大能力切实应用到具体场景中，我们需要在针对特定下游任务的数据集上对它们进行微调。微调作为一种高效的迁移学习策略，通过轻微调整模型参数，使得原本具有通用性的预训练模型能够更精确地解决特定的下游任务，如情感分析、文本生成等。在此过程中，我们通常会设计一个简洁的"任务特定预测器"（即模型头部），它仅包含少量参数，以便在快速适应新任务的同时，最大限度地保留预训练模型中的宝贵知识。

近年来，一种不独立于传统微调的新兴方法逐渐崭露头角，即通过设计巧妙的提示（Prompt）来引导预训练的 LLM 直接解决下游任务。这种方法的核心在于，通过精心构造的文本提示，将下游任务的指令或上下文信息嵌入模型的输入中，从而激发模型内在的潜能，使其能够在不进行额外训练的情况下，直接输出符合任务要求的结果。这种基于提示的方法不仅简化了模型应用的流程，还展现了大语言模型在理解复杂指令、进行逻辑推理等方面的惊人能力，为自然语言处理的未来发展开辟了新的路径。

如图 2-4 所示，我们在输入信息的时候，在信息中增加了指示词或引导词，这种方式与之前的下游任务中的微调有异曲同工之妙。具体来说，提示通过将下游任务的指令或相关上下文信息巧妙地嵌入模型的输入中，从而引导模型直接输出符合特定任务要求的结果，而无须进行额外的训练。

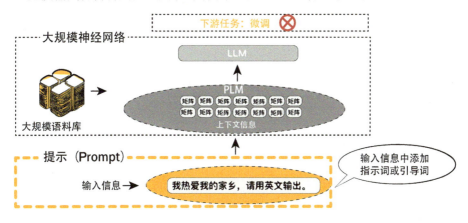

图 2-4　传统的模型微调需要针对每个下游任务进行单独的训练，这种方式可以减少对额外训练的需求，从而简化模型的训练流程，节省时间和资源

让我们先通过一个简单的实践来直观感受提示工程的魅力。现在，请尝试向熟悉的 LLM（例如文心一言、ChatGPT 等）发出询问："提示工程是什么？"然后，LLM 会迅速做出回答，如图 2-5 所示。

AI 提示工程（Prompt Engineering）是指设计和优化输入提示，以引导语言模型生成期望输出的技术和方法。在自然语言处理（NLP）领域，尤其是使用大规模预训练模型（如GPT-3、ChatGPT）时，提示工程变得尤为重要。通过精心设计提示，可以提高模型在特定任务中的表现，使其更好地理解和生成符合预期的文本。提示工程通常包括以下几个方面。

1.提示设计（Prompt Design）：选择和构建适当的提示，以确保模型能够理解任务要求。例如，在进行文本生成任务时，可以使用明确的问题或指令来引导模型生成所需的内容。

2.提示优化（Prompt Optimization）：通过实验和调试，找到最佳的提示格式和内容，提高模型的输出质量。这可以包括修改提示的词语、结构，甚至增加上下文信息。

3.上下文管理（Context Management）：为模型提供足够的上下文信息，使其能够更好地理解当前任务。上下文可以包括之前的对话、相关背景信息等。

4.任务示例（Few-Shot Learning）：在提示中包含少量示例，以帮助模型理解任务。这种方法在处理复杂任务时特别有用，可以显著提高模型的准确性和生成质量。

提示工程的实际应用

文本生成：在写作助手、内容创作等应用中，通过设计合适的提示，引导模型生成高质量的文本。

问答系统：在客户服务、教育等领域，通过优化提示，提高问答系统的准确性和响应质量。

翻译与改写：通过提示工程，优化语言模型的翻译和改写能力，提高输出文本的流畅度和准确性。

信息抽取：在信息检索和分析任务中，通过设计合适的提示，帮助模型从大量文本中提取关键信息。

提示工程的重要性

提示工程在实际应用中非常重要，因为大语言模型虽然具有强大的生成能力，但其输出质量高度依赖于输入提示的设计。通过精心的提示工程，可以充分发挥模型的潜力，提高其在各种任务中的表现，从而推动智能系统在实际应用中的广泛使用。

图 2-5 未经优化的提示，输出内容不确定，通常不符合我们预期的结果

　　尽管我们期望 LLM 能给出简洁回复，但它却常倾向于提供冗长答案，这在使用中颇为常见。为了获取更精炼的回应，调整提问方式、优化提示成为关键。于是，我们再次向 LLM 提出问题，人类与 LLM 之间的问答互动，正如图 2-6 所示展现的那样。

请用90字左右回答以下问提。
问题："""
什么是提示工程
"""

AI 提示工程是通过设计和优化输入提示，引导语言模型生成期望输出的技术。它包括提示设计、优化、上下文管理和任务示例，提升模型在文本生成、问答等任务中的表现。

图 2-6 经过优化的提示，输出内容在预期之内，通常输出结果比较符合我们的预期

　　通过精心设计和调整提问方式，我们成功引导了 AI 系统生成了精准且符合预期长度的回答。这不仅是使用提示的一个生动实例，更是展现其独特魅力的关键所在。这一过程突显了如何通过细致入微的引导，使 LLM 能更深入地理解和精准地满足我们的需求。详细解释来说，提示通常包含以下几个关键要素。

● 任务指令：明确告诉模型需要执行什么任务，如分类、生成、问答等。

- 上下文信息：为模型提供执行任务所需的背景知识或相关信息。
- 引导性语言：使用自然、流畅的语言，将任务指令和上下文信息融合在一起，形成一个完整的输入序列，以便模型能够理解并响应。

为了更直观地理解提示的应用，让我们考虑一个具体的案例。

假设我们面临一项文本分类任务，目标是将给定的文本段落归类为"正面情感"或"负面情感"。传统上，采用微调方法通常意味着我们需要在预先标注好的数据集上训练一个分类模型。然而，通过运用基于提示的方法，我们能够构思出一个既简洁又高效的提示策略。如下所示：

请对以下文本进行情感分类，选择"正面情感"或"负面情感"：

[文本内容……文本内容]

你的答案是：

在这个提示中：

- "请对以下文本进行情感分类，选择'正面情感'或'负面情感'："是任务指令，明确告诉了模型需要做什么。
- "[文本内容]"是待分类的文本，提供了上下文信息。
- 而"你的答案是："则是一个引导性的结尾，鼓励 LLM 输出一个具体的答案。

当我们将这个提示和待分类的文本一起输入给预训练的 LLM 时，LLM 会尝试理解提示中的指令，并根据文本内容生成一个符合要求的答案，如"正面情感"或"负面情感"。这样，我们就能够在不进行额外训练的情况下，利用 LLM 的内在潜能来解决特定的下游任务。

基于提示的方法不仅简化了模型应用的流程，还充分展现了 LLM 在理解复杂指令、进行逻辑推理等方面的惊人能力。通过巧妙地设计提示，我们可以引导模型完成各种各样的任务，从文本生成到问答系统，再到逻辑推理和数学计算等，为自然语言处理的未来发展开辟了新的路径。

对于 LLM 而言，微调和提示是其不可或缺的两大助手。它们各展所长，以独特的方式协同工作，使得 LLM 在自然语言处理任务中表现出色。

知识拓展

AI 自动生成与法律的关系

当前的 AI 技术，诸如文心一言、ChatGPT 等，仅需用户提供关键词或相关指示，便能依托其庞大的学习数据库自动创造出图像，这一创新虽极大地推动了技术与艺术的融合，却也在法律领域内，特别是在著作权法方面，催生了诸多前所未有的挑战与议题。

此类服务的核心流程可概括为两个关键环节：一是利用既存的、由他人创作的图像作为训练材料，即所谓的"学习数据"；二是基于这些学习数据，AI 系统能够独立生成全新的图像作品。这两个阶段，无一不深刻地触及著作权保护的敏感地带。

在第一阶段，使用他人图像作为学习数据，其合法性直接关联到版权许可、合理使用以及是否构成侵权的边界划分。这要求 AI 开发者必须审慎处理数据来源，确保所用材料的合法授权，避免侵犯原作者的著作权权益。

第二阶段，AI 生成的图像虽源自既有数据的学习，但其独创性、新颖性往往使得这些作品在著作权法上的地位变得模糊不清。是否应将 AI 视为创作者，生成的图像能否享有著作权保护，以及如何界定这些作品的原创性与归属权，都是亟待法律界深入探讨与明确的问题。

值得注意的是，这一法律困境不仅局限于图像领域，音乐、文学作品乃至更广泛的知识产权范畴，均面临着相似的挑战。随着 AI 技术的不断进步与广泛应用，如何构建一个既能鼓励技术创新，又能有效保护原创者权益的法律框架，成为时代赋予我们的紧迫课题。因此，对现行著作权法进行适时的修订与完善，以适应 AI 时代的发展需求，显得尤为重要与迫切。

大语言模型：
AI 平台时代
的到来

2.3　大语言模型+：AI 平台时代的到来

在 AI 这一日新月异的领域，创新模式如雨后春笋般涌现，其中相当一部分是建立在开源 LLM 的基础之上。Meta 推出的 Llama 模型便是这一领域的佼佼者，它不仅继承了 Meta 先前开源 AI 模型的精髓，更为后续 AI 模式的创新提供了肥沃的土壤。随着这些开源资源的广泛传播，越来越多的个人与团体被激励着踏入 AI 学习、开发乃至服务的创新之旅。

面对这股 AI 热潮，仅仅依赖如 ChatGPT 这样的知名模型已难以满足多元化的需求。实际应用中，开发者需要在自己的项目中灵活嵌入并优化多种 AI 模型，以适应不同场景的挑战。昔日，拥有 OpenAI 账户并利用 GPT-3.5 编写程序或许已足够，但在当今 AI 模型繁多的时代，这种单一依赖的策略已显过时。开发者必须深入探索各类模型，明确哪一款最适合自己的服务需求。

例如，当构建一个在线教育平台时，开发者面临多元化需求的挑战，不能仅依赖 ChatGPT 等单一模型。为了满足课程推荐、自动作业批改及实时学习辅导等功能，开发者需深入探索并选用最适合的 AI 模型。可能采用协同过滤或深度学习模型进行课程推荐，以提高推荐的准确性和个性化；对于作业批改，则可能选择针对特定学科的 AI 模型，以确保批改的精确性；而在实时学习辅导方面，虽然 ChatGPT 等对话式 AI 模型可用于解答问题和提供学习建议，但仍需根据学生的学习风格和能力水平进行优化。通过灵活嵌入并优化这些多种 AI 模型，才能打造一个功能全面、高效且用户友好的在线教育平台（见图 2-7）。

实践中，这意味着要对海量的 AI 模型进行详尽的调研，了解各模型提供方的具体信息及其使用方式。有的模型可能通过 API 接口提供服务，有的则可能需要下载软件本地运行，甚至还有些因版权或技术限制而无法自由使用。即便能够使用，面对众多模型各异的 API 规格，编写代码进行逐一测试与验证也是一项既耗时又复杂的工作，对开发者而言无疑是一大挑战。

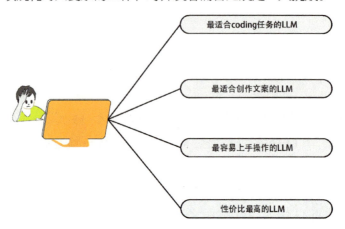

最适合coding任务的LLM

最适合创作文案的LLM

最容易上手操作的LLM

性价比最高的LLM

图2-7 多元化需求驱动模型选择非常重要。在构建复杂系统时，应充分认识到用户需求的多样性，不能仅依赖单一模型或技术来满足所有需求

　　因此，一个能够简化 AI 模型尝试过程的环境显得尤为重要。理想的状况是实现 AI 模型的通用化，即通过一个统一的平台，以标准化的方式访问和利用大量不同的 AI 模型，而非仅仅依赖于单一的 API 接口。这样的平台将极大降低模型使用的门槛，促进 AI 技术的普及与创新。

　　基于这一愿景，AI 平台应运而生，旨在为 AI 使用者提供全面的开发支持。这些平台集成了利用 AI 所需的各种功能、工具和服务，为开发者提供了一个高效、便捷的 AI 开发环境。通过平台提供的统一工具和 API，用户可以轻松访问并使用多种 AI 模型，而无须担心模型间的差异带来的困扰。无论是哪种模型，都能通过平台获得一致且流畅的使用体验。

　　此外，这类 AI 平台还免去了用户下载安装软件的烦琐步骤，以及学习不同 API 的额外负担。开发者只需通过最少的努力，便能管理和运用最多的模型资源，从而专注于创新与应用，推动 AI 技术的不断进步与发展。

　　目前，微软、亚马逊等全球知名的大型 IT 供应商均已涉足 AI 领域，并提供了各自特色鲜明的 AI 平台。以下是对这些供应商具有代表性的 AI 平台进行简要汇总。

Microsoft Azure AI：融合了 OpenAI 的先进技术以及 Hugging Face 提供的广泛且强大的开源模型。

Google Vertex AI：提供了对谷歌 Gemini Pro 模型的访问，同时，借助 Colaboratory 的技术力量，用户能够即时编写代码并利用 AI 模型。此外，Vertex AI 还配备了无须编写代码即可创建 AI 聊天机器人的功能，以及轻松将 AI 功能嵌入 Web 的搜索与对话服务，极大地简化了 AI 的应用流程。

Amazon Bedrock：不仅融入了亚马逊自家的纯正技术，还汇集了多家已广泛服务于市场的人工智能企业的专有模型。作为独一无二的平台，Bedrock 使用户能够轻松访问并利用众多顶级的 AI 模型。

Hugging Face：充当着人工智能领域开源资源的中心角色，它提供了丰富的分类管理服务，支持多种编程语言。用户只需执行简单的命令，即可轻松下载并使用所需的分类模型。

Hugging Face 发布了大量模型、数据集以及基于机器学习的应用程序，用户可以通过编写代码访问其官方网站，轻松安装并使用所需的模型资源。除以上介绍的之外，还有 Replicate、OpenRouter、TogetherAI 等 AI 平台，非常值得实践（见图 2-8）。

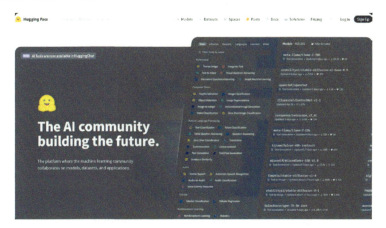

图2-8　Hugging Face 首页展示

或许有人会认为，方才提及的某些国际知名 IT 企业的人工智能平台占据主流地位。然而，事实并非如此绝对。本书所介绍的平台，均拥有其独特的优势与特色。

2.4 大语言模型生态的繁荣：第三方框架与软件库的持续发展与完善

在 AI 开发的浩瀚天地里，涌现了众多精心设计的工具，旨在优化工作流程、加速创新步伐。其中，尤为引人注目的当属那些提供一体化界面的库，它们使开发者能够游刃有余地管理和操控各式各样的 AI 模型。这些库仿佛一座座桥梁，将高深莫测的 AI 技术与开发者紧密相连，显著降低了技术入门的壁垒。

第三方框架
与库的持续
发展与完善

此外，还有一类工具凭借其极简的操作界面脱颖而出，它们让开发者能够轻松实现 AI 模型的移动、配置，并通过发送指令或提示，对模型进行精确调控和高效运用。这类工具的存在，为非专业用户打开了通往 AI 应用开发与部署的大门，使得更多人能够迅速融入这一前沿领域。接下来，让我们聚焦于几种备受欢迎的框架与库，首先介绍 LangChain。

（1）LangChain

尽管 LangChain 与 AI 平台在细节上有所不同，但它同样具备在统一界面上运用多种 AI 模型的能力。LangChain 是一款专为高效利用 AI 模型开发应用程序而设计的库，它支持访问 OpenAI、谷歌、亚马逊、微软、Anthropic、Hugging Face 等主流 AI 模型提供商的公开模型。在众多同类库中，LangChain 凭借其卓越性能和广泛支持，成为开发者群体的首选，堪称该领域的佼佼者（见图 2-9）。

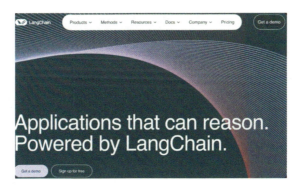

图 2-9　LangChain 网站首页

（2）LM Studio

LM Studio 允许用户在本地环境中轻松运行开源及其他类型的 AI 模型。用户不仅可以下载预训练好的模型，在特设的聊天界面上与 AI 进行实时对话，还能选择将其作为服务器来运行。当 LM Studio 配置为服务器模式时，用户还能够通过 REST 接口从其他程序中调用并利用这些模型。LM Studio 提供的即时本地 AI 模型交互功能，极大地便利了开发者在着手开发之前，对 AI 模型进行各种实际测试和探索的需求。这一特性使得 LM Studio 成为一款不可或缺的辅助工具，有助于开发者更深入地理解和利用 AI 模型（见图 2-10）。

图 2-10　LM Studio 网站首页

（3）LiteLLM

尽管 LangChain 因其能够以统一接口访问众多 AI 模型而闻名遐迩，但它并非该领域的唯一佼佼者。在众多备选的第三方库中，LiteLLM 凭借其简洁、轻量的特点脱颖而出，广受欢迎。尽管 LangChain 功能全面且强大，但仍有许多用户倾向于更简洁地使用 AI 模型（见图 2-11）。

图 2-11　LiteLLM 网站首页

LiteLLM 支持各大 AI 供应商，让用户能够通过统一的界面无缝访问这些供应商提供的 AI 模型，非常适合那些追求"仅需简单访问模型并获取响应"的用户需求。

 **知识拓展**

容易混淆的"开源"概念

在使用 AI 平台的过程中，一个常见的误区是认为所有框架和工具，如 LangChain 框架、LM Studio 工具等，都无须注册账户即可自由使用。实际上，这是一个容易让人混淆的点。当涉及访问云端运行的 LLM 时，无论这些 LLM 是基于商业许可还是开源许可，都需要根据使用情况来支付相应的费用。

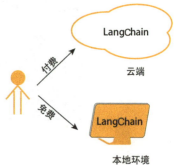

能够在线访问并使用这些模型，意味着它

们已经在云端部署，并构建了一个能够应对来自世界各地用户访问的服务环境。这样的服务环境需要投入大量的资源和成本来维护，因此不可能是完全免费的。虽然开源的 AI 模型提供了在本地环境中安装和运行的选择，这种方式确实可以免费使用，但 LLM 通常需要高性能的 GPU 和庞大的内存资源。

对于大多数用户来说，要配备这样的硬件环境可能并不实际。相比之下，使用基于云的服务可能更为划算，尤其是当考虑到硬件的购置成本、维护成本以及升级成本时。云服务提供商通常能够提供按需付费的灵活计费方式，使得用户能够根据实际需求来选择合适的服务等级和费用。因此，在使用 LLM 时，选择云服务可能是一个更为经济、高效且便捷的选择。

2.5 开源大语言模型：驱动未来 AI 腾飞的灵魂

在当今科技日新月异的时代，LLM 已成为人工智能领域的璀璨明星，其中 ChatGPT 等商业大模型更是引领了潮流。然而，这些模型的源码往往并不公开，用户只能通过网络或 API 进行访问，且在使用 API 时通常需要支付费用。这种限制不仅阻碍了研究者对模型内部机制的深入探索，也让一些企业和个人在使用时因数据安全问题而犹豫不决。

商业大模型的这些局限性，无疑为开源大语言模型的发展提供了广阔的空间。开源 LLM，如 Meta 公司的 LLama 系列，以及专门针对中文优化的百度 ERNIE 等，它们的出现为开发者提供了宝贵的资源和工具。通过利用这些开源模型，开发者可以构建自己的 NLP 应用和服务，从而在本地环境中实现高效、安全的聊天机器人功能。

开源 LLM 的优势不仅在于其源码的公开性，更在于其灵活性和可定制性。企业可以根据自身需求，在本地部署这些模型，从而避免将数据泄露给外部服务器。同时，开源模型还允许开发者根据最新信息对模型进行更新，确保模型能够持续适应不断变化的环境和需求。

　　然而，要想在本地环境中构建一个诸如能够做出适当响应的聊天机器人，仅仅依靠开源 LLM 是不够的。开发者还需要借助"微调"和"检索增强技术"等先进技术来进一步优化模型。微调之前我们介绍过，它可以帮助模型更好地适应特定领域或任务，而检索增强技术则结合搜索功能，使模型能够回答原本不具备的信息相关问题。

　　其中，最具代表性的 RAG（Retrieval-Augmented Generation）是实现检索增强技术的一种先进且具体的实现方法。在 LLM 的框架内，RAG 通过巧妙地结合信息检索与文本生成技术，显著提升了模型的性能和实用性。这一技术允许模型在生成回答时，不仅依赖于其内部预训练的知识，还能实时地检索并融入外部数据源中的相关信息。

　　具体来说（见图 2-12），RAG 系统首先会针对用户的查询，在一个预先构建的、广泛且不断更新的知识库中检索出最相关的文本片段或文档。随后，这些检索结果会被作为额外的上下文信息输入到 LLM 中，辅助模型生成更加准确、全面且时效性强的回答。这种机制有效地解决了 LLM 仅具备训练时获取知识的局限性，使得模型能够处理更多元、更复杂的信息需求。

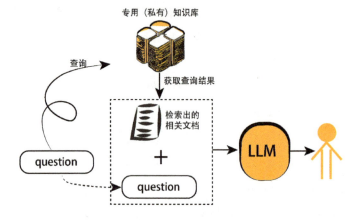

图 2-12　输入用户的问题之后，Rag 会从知识库中检索相关的文档。然后，将相关的文档和问题一起投给 LLM，得到答案

此外，RAG 还展现了高度的灵活性和可扩展性。开发者可以根据特定应用场景的需求，自定义知识库的内容和结构，从而确保检索到的信息与用户需求高度匹配。这种定制化的能力，使得 RAG 在新闻摘要、学术研究、客户服务等多个领域都能发挥出极大的价值。

RAG 作为检索增强技术的一种具体实现，不仅提升了大语言模型的实用性和准确性，还为人工智能在更广泛领域的应用开辟了新的可能。随着技术的不断成熟和完善，RAG 有望在推动 AI 技术进步和产业升级方面发挥更加重要的作用。

值得注意的是，LLM 中的聊天机器人与传统的 QA 系统和对话系统有着本质的区别。它不仅仅是一个简单的问答系统，而是能够根据用户的提问进行智能回答，提供更加个性化、精准的服务。这种聊天机器人在实现上需要更高的技术水平和更复杂的算法支持。

开源 LLM 作为驱动 AI 未来腾飞的创新灵魂，正以其独特的优势和潜力引领着人工智能领域的发展潮流。随着技术的不断进步和应用的不断拓展，开源 LLM 有望在各个领域发挥更加重要的作用，为人类社会带来更加智能、便捷的服务。

3

深度剖析大语言模型的现状与研发竞赛（企业与科研院所的竞相角逐与创新探索）

3.1 AI 技术的持续创新与突破

有人宣称"第三次人工智能热潮已告一段落"，然而自 2022 年下半年以来，一系列突破性的人工智能技术接连问世，标志着该领域依旧活力四射。特别是大语言模型的飞速进步，催生了提示工程等前沿"黑科技"，这些技术不仅加速了人工智能的普及进程，更被视为引领全球科技革命的潜力股和核心驱动力。

尽管以"深度学习"为主导的第三次人工智能浪潮看似步入平缓，GAMAM（见图 3-1）等科技领军企业对人工智能的投资热情却未减。近年来，生成技术与自然语言处理技术取得了长足发展，至 2022 年，其成果已广泛应用于多个领域，展现出强大的潜力和广泛的影响力。

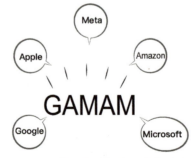

图 3-1　GAMAM 这些公司在全球科技产业中占据重要地位，推动了许多技术创新和行业变革，对全球经济和社会产生了深远影响

事实上，第三次人工智能热潮已悄然跨越"幻灭期"，步入一个更为稳健的发展阶段，并正蓄势待发，迈向新的高度。从大语言模型的演进历程来看，OpenAI 推出的 GPT-3 模型无疑在全球范围内点燃了一场人工智能开发的激烈竞争。这场竞赛持续至今，推动了"语言生成模型"的不断壮大与优化。

尤为值得一提的是，GPT-3 凭借其 4900 亿词元的学习数据和 1750 亿参数的规模，为业界树立了标杆。随后，微软与英伟达携手打造的 Megatron-Turing NLG，参数规模更是达到了 5300 亿。Google 也不甘示弱，开发了参数超过 1 兆的 GLaM 模型。尽管非母语的大语言模型可跨语言应用，但各国仍在积极研发针对本国语言的专属模型。在中国，北京市智源人工智能研究院于2021 年发布的"悟道 2.0"，以 1.75 万亿参数的庞大规模，超越了 Google 的同类模型，成为业界瞩目的焦点。

3.2　加速发展+突破想象力的 AI 产品不断涌现

你听说过超市天花板上的智能摄像头吗？是不是防止小偷的？不，它们不仅是安全监控那么简单，而是化身为商品管理的得力助手。这些摄像头搭载了先进的图像识别与 AI 技术，能够精准地捕捉到货架上每一件商品的剩余数量信息，实现对库存状态的实时监控（见图 3-2）。

更令人惊叹的是，这一系统不仅仅停留在信息收集层面，还深度融合了数据分析与决策支持功能。基于历史销售数据、季节性需求波动以及当前库存状况，AI 算法能够智能地调整商品的降价幅度，旨在找到一个微妙的平衡点——既能通过促销活动有效提升销售额，又能最大限度地减少因过期或滞销而导致的废弃损失，从而实现利润最大化与资源优化的双赢。

此外，这一智能化系统还无缝对接到了电子货架标签系统，一旦 AI 计算出新的价格策略，电子货架上的价格信息便能即时自动更新，无须人工干预，既保证了信息的准确性，又极大地提升了运营效率。顾客在购物时，也能通过这些实时更新的电子标签，轻松获取到最准确的商品价格信息，享受更加透明、便捷的购物体验。而这一切的起点，正是那些看似不起眼的智能摄像头，它们捕捉到的商品剩余信息，不仅触发了后续的智能采购建议，确保了货架的及时补货，还通过数据分析的魔力，驱动着整个供应链向更加高效、智能的方向进化。这样的超市，无疑是零售行业数字化转型的先锋，为我们展示了未来智慧零售的无限可能。

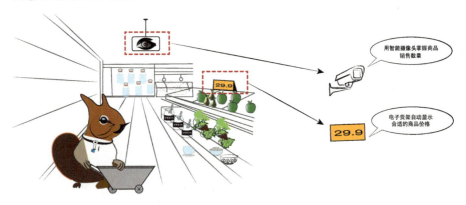

图3-2　智能摄像头与 AI 技术的结合，正在彻底改变超市的运营方式。这些技术不仅提升了安全性，还极大地增强了商品管理和库存控制的精准度，为零售业带来了革命性的变化

3.3　企业：资金与数据的双重驱动

LLM 的发展在全球范围内迅速推进，国内外多家企业和科研机构纷纷投入巨资进行研发。目前，市场上已有众多大语言模型产品，如 OpenAI 的 ChatGPT、百度的文心一言、谷歌的 PaLM 2 等。这些模型不仅在技术上取得

了显著进展，还在应用场景上不断拓展，涵盖医疗、教育、电商、旅游等多个领域。

全球 LLM 市场正展现出强劲的增长势头，市场规模预计将从 2023 年的 15.9 亿美元大幅攀升至 2030 年的 2598.9 亿美元，这一惊人的增长速度清晰地揭示了 LLM 技术在全球范围内正受到前所未有的关注和追捧。

中国作为人工智能领域的佼佼者，无疑将在这一全球趋势中占据重要一席。得益于国内在 AI 技术上的持续投入与创新，中国的 LLM 市场预计也将迎来显著的增长。尽管目前无法提供 2025 年的具体市场规模数据，但鉴于全球市场的快速增长趋势以及中国在 AI 领域的深厚底蕴和活跃发展，我们可以合理预期，到 2025 年，中国的 LLM 市场将实现跨越式的增长，成为推动全球 LLM 市场发展的重要力量。

在 LLM 的研发竞赛中，企业与科研院所是两大主要力量。他们通过不同的路径和策略，竞相推进大语言模型的研发与应用。

企业在 LLM 的研发中具有明显的资金和数据优势。以百度、阿里、腾讯等互联网大厂为例，它们凭借庞大的用户基础和应用场景，积累了海量的数据资源。这些数据资源为模型的训练提供了坚实的基础。同时，企业拥有雄厚的资金支持，能够投入大量资源进行技术研发和模型训练。

例如，百度在文心一言的研发中，运用了百度百科、百度搜索以及百度知识图谱等生态内数据，通过高质量的数据保障了模型的训练效果。阿里则在研发 M6 时，构建了最大的中文多模态预训练数据集 M6-Corpus，涵盖百科全书、网页爬虫、问答、论坛等多种数据来源。

3.4　科研院所：学术与技术的深度融合

科研院所在 LLM 的研发领域中，展现出了对学术与技术深度融合的深切关注与独特追求。作为国内顶尖的教育与研究机构，一流高校及研究院不仅在学术研究和技术创新的前沿阵地占据显要位置，而且凭借其深厚的学术积淀和敏锐的行业洞察力，能够迅速捕捉并吸纳全球最新的技术动态与科研成果。这种得天独厚的优势，使它们成为 LLM 研发不可或缺的重要力量。

例如，不少高等学府和研究机构在预训练语言模型这一关键领域取得了突破性进展。它们不仅深入探索了预训练技术的内在机理，还创造性地提出了多种新颖高效的预训练方法和优化策略。这些研究成果不仅极大地丰富了学术界的理论宝库，更为企业的技术研发提供了宝贵的实践指导和强有力的智力支持。通过这些科研机构的不断努力，LLM 的性能得到了显著提升，其应用场景也日益广泛，为社会经济的全面发展注入了新的活力。

3.5 国产大语言模型的开发及竞争的意义

国产 LLM 的开发及其在国内市场竞争中的表现，不仅标志着国家科技实力的提升，也是创新驱动发展战略的重要体现。在这场 LLM 的研发竞赛中，创新如同灯塔，引领着企业与科研院所不断探索新的技术边界和应用领域，共同推动大语言模型技术的飞跃式发展。这一进程不仅关乎技术本身，更深刻地影响着社会经济的多个层面，包括信息处理能力、知识传播效率以及文化创新活力等。

在国产 LLM 的开发征途上，必要的工具与资源支持不可或缺。例如，利用如谷歌云等先进程序，结合升级后的云计算能力，已成为众多研究机构及部分前沿运营商加快研发步伐的得力助手。这些技术平台的运用，极大地提升了数据处理效率，缩短了模型训练周期，为国产 LLM 的快速发展奠定了坚实基础。

然而，LLM 性能的提升并非一蹴而就，其背后是对海量数据学习的需求，以及对高昂研发成本的承受。这一现实情况意味着，只有少数资金雄厚的研究机构、科技巨头及特定领域的研究组织，才有能力涉足这一领域。对于资金有限的组织而言，LLM 的研发之路显得尤为艰难，这一挑战在全球范围内普遍存在，成为制约技术普及与深入应用的重要因素。

在此背景下，支持国产 LLM 的开发显得尤为重要。它不仅有助于打破国际技术壁垒，实现技术自主可控，还能通过实践探索，形成符合本土需求的技术路线和解决方案。更重要的是，这一过程对于培养高素质的人工智能人才具有不可估量的价值。通过参与 LLM 的研发，科研人员能够在实践中深化理论理解，掌握前沿技术，为国家的科技创新事业注入源源不断的活力。

因此，国产 LLM 的开发不仅是对技术高峰的攀登，更是对国家科技创新体系的一次全面检验与提升。通过持续投入、优化资源配置、加强人才培养与国际合作，我们有理由相信，国产 LLM 将在不久的将来，在全球舞台上展现出更加耀眼的光芒，为推动人类社会的智能化进程贡献中国智慧与力量。

3.6　未来竞争的焦点

未来竞争的焦点无疑将聚焦于 LLM 精度的持续提升，这一进步与神经网络模型中参数数量的规模化增长紧密相连。随着模型参数的不断增加，模型能够学习并理解的数据类型变得更为多样，进而使得更高级、更复杂的表达成为可能，显著提升了模型捕捉抽象特征及深层次模式的能力。正因如此，自2018 年以来，众多企业与科研机构纷纷投身于开发参数规模日益庞大的LLM，以期在 AI 领域占据先机。

然而，参数数量的激增也带来了相应的挑战，尤其是计算成本的显著上升。为了训练这些庞然大物，必须准备昂贵的计算资源，这往往需要巨额的资金支持。因此，这一领域的研究与开发活动长期以来主要由资金雄厚的大型

IT 企业主导。以 ChatGPT 的 GPT-4 模型为例，其开发费用据估计已超过 1 亿美元（折合人民币约 7 亿元），这一数字足以彰显 LLM 研发的高昂成本。

此外，根据 LLaMA 论文的披露，学习一个拥有 650 亿参数的模型，需要动用 2048 个配备 80G 内存的 A100 GPU，并耗时 21 天。按此计算，整个训练过程的费用将高达约 100 万美元（折合人民币约 700 万元）。这一惊人的数字无疑进一步凸显了 LLM 研发的经济门槛。

面对这一困境，人们或许会认为 LLM 将成为少数大企业的专属领地。然而，Meta 公司的 LLaMA 模型却为这一领域带来了新的变革。自 2023 年起，LLaMA 以开源的方式发布，使得更多基于该模型的微调版本得以涌现。更重要的是，为了让个人用户也能在有限资源下使用这些模型，相关的模型库进行了深度优化。

展望未来，随着 LLM 技术的不断发展，研究的重点可能会逐渐从单纯的参数数量增长转向如何在有限资源下实现更好的性能。这意味着，未来的竞争将更多地围绕如何在保持模型精度和性能的同时，有效降低计算成本、提高资源利用效率而展开。这一转变不仅有助于打破大企业对 LLM 技术的垄断，还将为更多创新者和研究者提供参与这一领域的机会，共同推动 AI 技术的持续进步。

表 3-1 是最近几年公布的一些著名的 LLM 及相关参数信息。

表 3-1　2021-2023 年中外代表性 LLM

LLM	发布年份	开发者	参数数量	内容描述
吾道 2.0	2021	北京智源 AI 研究所	1.75 万亿	我国著名的超大规模模型
Ernie 3.0 Titan	2021	百度	2600 亿	搭载在文心一言（文小言）上
PaLM	2022	Google	5400 亿	PaLM 升级版 PaLM-E 是多模态 LLM
GPT-3.5	2022	OpenAI	非公开	著名的 ChatGPT 的模型，API 公开
GLM	2022	清华大学	1300 亿	中英双语 LLM
Chinchilla	2022	DeepMind	700 亿	图像生成模型
PaLM2	2023	Google	约 3400 亿	在 Google Gemini 上使用，API 公开
Gemini	2023	Google	非公开	在 Google Gemini 上使用，API 公开
GPT-4	2023	OpenAI	非公开	最新的 ChatGPT 的模型，API 公开

（续）

LLM	发布年份	开发者	参数数量	内容描述
LLaMA	2023	Meta	650 亿	面向研究公开
LLaMA2	2023	Meta	700 亿	开源 LLM
StableLM	2023	Stability AI	70 亿	面向研究公开
Qwen-7B	2023	阿里云	70 亿	支持中英等多种语言的开源 LLM
DeepSeek	2023	DeepSeek	6710 亿	以 DeepSeek-V3 为例

在表 1-1 中，我们已将各项参数转换为更贴近中文语境、易于理解的单位。值得注意的是，在浏览 LLM 相关文献或报告时，参数单位常以 "B" 来标示。举例来说，当我们在验证模型参数的过程中，可能会遇到如 "OO-7B" "OO-13B" 等多个模型文件。这里的 "B" 即代表模型的参数规模，具体来说，1B 等于 10 亿参数，因此 7B 即 70 亿参数，13B 即 130 亿参数。一般而言，模型的参数规模越大，其性能往往越出色。然而，随之而来的也是文件体积的增大以及运行所需内存的提升。为此，我们特别准备了多种参数规模的模型，以便用户能够根据自身硬件条件选择最适合的设备。

至于为何 7B、13B、70B 这些参数值如此常见，这主要归功于基础模型的影响。在众多的研究与开发中，基于 Meta 公司开发的 LLaMA2 模型进行独立训练的情况颇为普遍。LLaMA2 作为开源模型，其性能在同类中堪称佼佼者，因此广受 AI 模型开发者的青睐。由于 LLaMA2 公开了 7B、13B、70B 三种参数规模的模型，以此为基础开发的模型自然也就沿袭了这三个参数设定，从而形成了广泛使用的标准。

3.7　基准测试：揭秘大语言模型的性能密码

随着科技的飞速发展，LLM 如雨后春笋般涌现，为自然语言处理领域带来了前所未有的活力。在这场技术革命中，如何客观、全面地评价这些模型的性能，成为摆在业界面前的一道难题。为此，多种基准测试指标应运而生，它们如同衡量模型实力的标尺，为我们提供了清晰、准确的评价依据。同时，为了方便查阅和验证测试结果，业界还建立了相应的网站，使得评估过程更加透明、公正。

在评估 LLM 的实力时，数据集的选择显得尤为重要。幸运的是，我们已经拥有一系列公开的数据集，它们如同宝藏一般，为我们提供了丰富的测试资源。这些数据集不仅涵盖了理解文章意思、上下文理解、推理等多项任务，还专注于测试语言模型在自然语言理解、信息提取与整合以及推理和上下文理解等方面的能力。它们就像是一面面镜子，能够真实、客观地反映出语言模型的实力与不足。

在这场技术盛宴中，企业与科研院所竞相角逐，纷纷投入巨资和人力进行创新探索。GLUE（通用语言理解评估）和 SuperGLUE 作为知名的测试体系，分别代表了不同难度的语言理解测试，成为它们展示实力的舞台。GLUE 像是一场全面的体检，对语言模型的自然语言理解能力进行了全面的评估；而 SuperGLUE 则更像是一场挑战赛，进一步提升了测试的难度，专注于测试更为精细的语言理解能力。在这场竞赛中，各大企业和科研院所纷纷亮出自己的绝技，不断刷新着测试的记录。

此外，SQuAD（斯坦福问答数据集）也是一项不可或缺的评估工具，它要求语言模型从给定的文本中提取信息，并准确回答出问题。这项测试不仅考验了模型的理解能力，还对其信息筛选和整合能力提出了更高的要求。在这场寻宝游戏中，各大企业和科研院所纷纷展开激烈的角逐，力求在信息提取和问答领域取得突破。

BLEU（双语评估替补）作为翻译质量的衡量标准，为我们提供了比较人类翻译与人工智能翻译差异的桥梁。它就像是一把尺子，能够量化出语言模型在翻译领域的实力与不足。在这场翻译质量的较量中，各大企业和科研院所纷纷展示自己的翻译技术，力求在人工智能翻译领域取得领先地位。

在我国，中文语言理解测评基准（CLUE）⊖则是一颗璀璨的明珠。它针对中文语言特点设计，为我们提供了更加贴近实际应用的评估依据。通过 CLUE 的测试，我们可以更加深入地了解中文语言模型在理解、推理和生成等方面的能力。在这场中文语言理解的盛宴中，中国企业和科研院所纷纷崭露头角，展示着自己在中文自然语言处理领域的实力。

CLUE 是一个用来考验和提升中文自然语言处理模型能力的基准测试（见图 3-3）。它设计了一系列有难度的任务，比如理解句子间的关系、匹配问题和答案、识别文本中的关键信息、分析情感等，这些任务都是基于现实生活中的大量数据来进行的。通过 CLUE，研究人员和开发者可以更好地评估和改进他们的模型，让模型在理解和应用中文上变得更厉害。

图3-3　CLUE 首页展示

⊖ 中文语言理解测评基准（CLUE：Chinese Language Understanding Evaluation）[URL] https://www.cluebenchmarks.com。

　　CLUE 任务集列表（见图 3-4）涵盖了多个具有挑战性的中文自然语言处理任务，如关系抽取、事件提取等，以全面评估模型在中文自然语言处理领域的表现。这些任务共同构成了 CLUE 丰富多样的任务集，为研究人员和开发者提供了全面的评估基准。

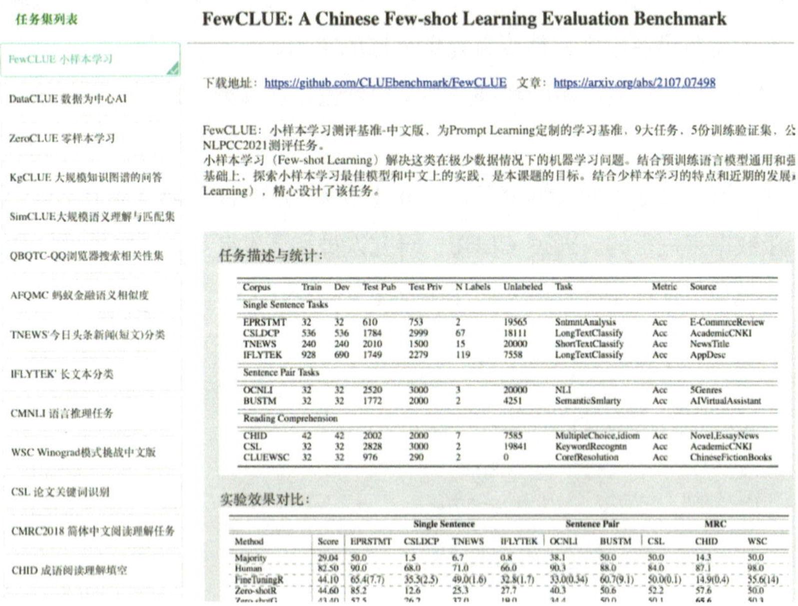

任务集列表	FewCLUE: A Chinese Few-shot Learning Evaluation Benchmark

FewCLUE 小样本学习

DataCLUE 数据为中心AI

ZeroCLUE 零样本学习

KgCLUE 大规模知识图谱的问答

SimCLUE 大规模语义理解与匹配集

QBQTC-QQ浏览器搜索相关性集

AFQMC 蚂蚁金融语义相似度

TNEWS' 今日头条新闻(短文)分类

IFLYTEK' 长文本分类

CMNLI 语言推理任务

WSC Winograd模式挑战中文版

CSL 论文关键词识别

CMRC2018 简体中文阅读理解任务

CHID 成语阅读理解填空

下载地址：https://github.com/CLUEbenchmark/FewCLUE 文章：https://arxiv.org/abs/2107.07498

FewCLUE：小样本学习测评基准-中文版，为 Prompt Learning 定制的学习基准，9大任务，5份训练验证集，公 NLPCC2021测评任务。

小样本学习（Few-shot Learning）解决这类在极少数据情况下的机器学习问题。结合预训练语言模型通用和强基础上，探索小样本学习最佳模型和中文上的实践，是本课题的目标。结合少样本学习的特点和近期的发展，Learning），精心设计了该任务。

任务描述与统计：

Corpus	Train	Dev	Test Pub	Test Priv	N Labels	Unlabeled	Task	Metric	Source
Single Sentence Tasks									
EPRSTMT	32	32	610	753	2	19565	SntmntAnalysis	Acc	E-CommerceReview
CSLDCP	536	536	1784	2999	67	18111	LongTextClassify	Acc	AcademicCNKI
TNEWS	240	240	2010	1500	15	20000	ShortTextClassify	Acc	NewsTitle
IFLYTEK	928	690	1749	2279	119	7558	LongTextClassify	Acc	AppDesc
Sentence Pair Tasks									
OCNLI	32	32	2520	3000	3	20000	NLI	Acc	5Genres
BUSTM	32	32	1772	2000	2	4251	SemanticSmlarty	Acc	AIVirtualAssistant
Reading Comprehension									
CHID	42	42	2002	2000	7	7585	MultipleChoice.idiom	Acc	Novel,EssayNews
CSL	32	32	2828	3000	2	19841	KeywordRecogntn	Acc	AcademicCNKI
CLUEWSC	32	32	976	290	2	0	CorefResolution	Acc	ChineseFictionBooks

实验效果对比：

| Method | Score | Single Sentence | | | | Sentence Pair | | | MRC | |
		EPRSTMT	CSLDCP	TNEWS	IFLYTEK	OCNLI	BUSTM	CSL	CHID	WSC
Majority	29.04	50.0	1.5	6.7	0.8	38.1	50.0	50.0	14.3	50.0
Human	82.50	90.0	68.0	71.0	66.0	90.3	88.0	84.0	87.1	98.0
FineTuningR	44.10	65.4(7.7)	35.3(2.5)	49.0(1.6)	32.8(1.7)	33.0(0.34)	60.7(9.1)	50.0(0.1)	14.9(0.4)	55.6(14)
Zero-shotR	44.60	85.2	12.6	25.3	27.7	40.3	50.6	52.2	57.6	50.0
Zero-shotG	43.40	57.5	26.2	37.0	19.0	34.4	50.0	50.1	65.6	50.4

图 3-4　CLUE 为研究人员和开发者提供了全面的评估基准。这意味着通过 CLUE，人们可以客观地衡量和比较不同模型在中文自然语言处理任务上的表现，从而促进技术的交流和进步

　　这些基准测试和数据集就像是一把把钥匙，为我们解锁了 LLM 的性能之谜。它们不仅帮助我们更全面地了解模型的优缺点，还为模型的进一步优化和改进提供了明确的方向。在这场技术与创新的竞技场上，企业与科研院所竞相角逐，不断推动着 LLM 能力的提升和技术的革新。因此，在未来的研究中，我们应该更加重视这些基准测试和数据集的应用，以推动 LLM 能力的不断提升，促进自然语言处理领域的繁荣发展。

知识拓展

LLM 产权保护与电子水印

现在的 LLM（我们就叫它"超级写手"吧）写的文章，跟咱们人写的已经差不了多少了。很多人就好奇，能不能用别的 AI 来分辨出文章到底是谁写的呢？以前，有人觉得只要仔细看，就能发现 AI 文章的"不对劲儿"，那是 AI 特有的风格。但现在，"超级写手"越来越厉害，特别是加入了人类反馈的技术，让它的文章越来越像人写的了。那么，我们是不是就没法用 AI 来分辨了呢？其实不是的。现在有个办法，就是在"超级写手"写文章的时候，悄悄地给它加个"标记"，就像咱们在纸上写字时留下的笔迹一样。

这个"标记"是怎么加的呢？很简单，就是当它在选择下一个词的时候，我们稍微动点手脚。比如，我们准备两组词，一组是"绿色"的，一组是"红色"的。然后，我们让"超级写手"更喜欢选"绿色"的词。这样，等文章写完后，我们数一数"绿色"词的比例，就能知道这篇文章是不是"超级写手"写的了。虽然这个"加标记"的技术听起来有点复杂，但其实它就跟咱们玩游戏时作弊一样，只是动了一点点小手脚，不影响"超级写手"写出好文章。

所以，虽然这个"加标记"的技术和"超级写手"之间的竞争看起来没太大关系，但实际上它们在很多方面都是相互影响的。企业在研究"超级写手"的时候，也得考虑怎么保护自己的文章不被别人冒充。

进 阶 篇
与模型互动

在人工智能的浩瀚宇宙中，大语言模型如同一颗璀璨的星辰，引领着我们探索智能的无限可能。从最初的萌芽到如今的辉煌，大语言模型不仅见证了 AI 技术的飞速发展，更成为推动社会进步的重要力量。

本篇旨在为读者揭开大语言模型的神秘面纱，带领大家深入了解这一前沿技术的前世今生、工作原理以及现状与未来。通过系统的梳理和深入的剖析，我们希望能够帮助读者建立起对大语言模型的全面认识，并激发大家对未来 AI 世界的无限遐想。

4

模型规模化效应：评估模型性能指标（选择适用的模型规模，实现资源优化配置）

4.1　如何衡量模型的规模

模型的规模就像是建造一座房子的大小。如果我们的房子很小，可能只能容纳一些基本的家具和生活用品，活动空间也相当有限。但如果我们扩建这座房子，增加它的面积和房间数量，就能放下更多的家具，拥有更宽敞的生活空间，甚至还能增设一些特殊功能的房间，比如书房或健身房，让我们的生活变得更加丰富多彩和舒适。

在 AI 的世界里，模型的规模也有着类似的作用。当我们谈论模型的规模化效应时，其实就是在说，随着我们让模型变得"更大"，它就能像那座扩建后的房子一样，拥有更多的"空间"去理解和处理数据中的复杂信息和特征。

如果把模型想象成一位画家，而数据则是他要创作的画。如果画家只有一张很小的画布，那么他的创作就会受到很大的限制，可能只能画出一些简单的图案。但如果我们给他一张足够大的画布，他就能尽情挥洒，画出更加复杂、细腻和富有层次感的画作。同样地，一个足够大的模型也能更好地捕捉和理解数据中的细微差别和复杂模式，从而做出更准确的预测和判断（见图 4-1）。

图4-1 模型的规模直接影响了其处理和理解数据的能力。就像画家需要足够的画布来展现其创作才华一样，模型也需要足够的规模来捕捉数据中的复杂模式和细微差别

当然，就像扩建房子会增加建筑成本和日常维护费用一样，增加模型的规模也会带来计算和存储成本的上升。我们需要更多的计算资源和存储空间来支撑这个更大的模型。因此，在追求模型性能提升的同时，我们也要权衡这些额外的成本，找到一个既经济又高效的平衡点。通过合理地扩展和优化模型的规模，我们可以让模型在任务中表现得更加出色，但同时也要考虑到成本和效益的平衡。

随着 LLM 的日新月异，就像是语言界的"巨人"们在不断长大，它们脑海中的"智慧"——也就是模型里的参数数量，以及它们学习用的"超级大脑"——预先学习的语料库容量，都在飞快地膨胀着。这就像是从一个小小的记事本，一跃变成了能装下整个图书馆的超级电脑。

图 4-2 宛如一部时间旅行者的影像编年史，细腻描绘了语言领域"巨擎"们的成长轨迹。

- 2018 年，BERT 作为初露锋芒的"智识先锋"，携带着 3.4 亿参数的庞大智慧库横空出世，其词汇量的广袤犹如无尽的知识卡片，令人赞叹不已。

- 然而，仅仅一年之隔，GPT-2 便以 15 亿参数的惊人规模强势接力，智慧的增长仿佛一夜之间实现了质的飞跃。

- 时光流转至 2020 年，GPT-3 的横空出世更是令人瞠目，其 1750 亿参数的脑力配置，宛若将整个互联网的知识海洋悉数纳入囊中，科技进步的迅猛令人感慨万千。

- 至 2022 年，Google 推出的 PaLM 更是将这一里程碑推向了前所未有的高度，5400 亿参数的数量，犹如来自未来的神秘咒语，激发了人们对 AI 无限可能的遐想。

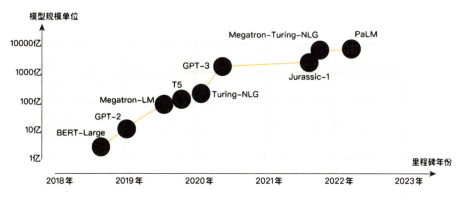

图4-2 模型参数规模的不断增长往往伴随着模型智慧能力的提升。在 AI 领域，特别是自然语言处理方面，更大的模型可能意味着更强的处理能力和更广泛的应用潜力

此外，语料库的规模扩张亦是推动 AI 语言模型进步的关键因素之一，如图 4-3 所示。

- 以 BERT 为起点，其语料库虽然已初具规模，但仅限于单词级别的信息涵盖。

- 随后，RoBERTa 的横空出世，将语料库的容量大幅提升至 300 亿词的崭新高度，这一跃升为模型提供了更为丰富和多样的学习材料。

- 紧接着，GPT-3 的问世更是将语料库的规模推向了前所未有的 3000亿词，这一数字的增长不仅仅是量上的积累，更是质上的飞跃，为模型提供了近乎无尽的知识源泉。

- 而 Google 最新提出的 Chinchilla 模型，其语料库规模更是惊人地达到了 1.4 兆词，这一数字几乎难以用常规尺度来衡量，它标志着 AI 语言模型在数据处理能力上的又一次巨大突破。

在这种大规模语料库的支撑下，模型的规模与性能之间呈现出了一种正相关的关系，即模型的规模越大，其性能也会相应地得到提升。这一现象并非偶然，而是符合一种被广泛验证的经验法则——比例法则（Scaling Laws）。比例法则揭示了模型规模、语料库大小与模型性能之间的内在联系，为 AI 语言模型的发展指明了方向。随着技术的不断进步和语料库规模的持续扩大，未来的语言模型将在性能上实现更大的突破，为 AI 的应用开辟更广阔的空间。

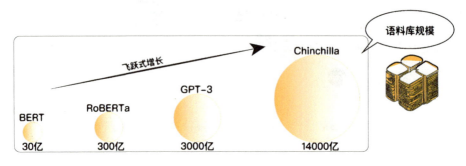

图4-3 模型参数规模的不断增长往往伴随着模型智慧能力的提升。在 AI 领域，特别是自然语言处理方面，更大的模型可能意味着更强的处理能力和更广泛的应用潜力

当我们谈论语言模型的"大小"或者"规模"时，其实不仅仅是在说它有多少参数，或者用来训练它的文本数据（我们称之为语料库）有多大。还有一个非常重要的因素，那就是在训练这个模型的过程中，需要完成多少计算工作。这就像我们做饭，不仅要考虑食材的数量，还要考虑烹饪过程中需要多少

火力和时间。

在计算的世界里，我们用"浮点运算次数"或者简称 FLOPS 来衡量这种计算量。FL（Float）就是浮点数的意思，是我们计算机里用来表示小数的一种方式；而 OPS（Operations Per Second）就是每秒能完成多少次这样的运算。所以，FLOPS 就是每秒钟我们的计算机能处理多少浮点运算，它反映了计算机的计算速度。

让我们通过一个简单的例子来理解这个概念。假设我们拥有一个高度先进的语言模型，这个模型采用的是 Transformer 结构，这是目前 LLM 领域极为流行和强大的技术内核。Transformer 结构以其卓越的性能和高效的并行处理能力而闻名，使得模型能够更准确地理解和生成自然语言。这个模型内部包含了惊人的 100 亿个参数，每一个参数都可以看作是一个微小的"旋钮"（见图 4-4）。这些旋钮并不是随意设置的，而是需要通过训练过程进行精细的调整。设想，你有 100 亿个这样的小旋钮，每个旋钮的微小变动都可能影响到模型的整体表现。因此，训练过程就是不断地调整这些旋钮，使得模型能够逐渐学会如何像人类一样理解和使用语言。

图 4-4　在处理复杂任务时，增加模型的参数规模可能是一种有效的提升模型性能的方法。每个旋钮的微小变动都可能影响到模型的整体表现

为了训练这个庞大的模型，我们准备了海量的文本数据，总数达到了 10 亿个词。这些文本数据就像是给模型提供的"例句"，通过不断地向模型展示这些例句，模型可以逐渐学习到语言的规律、语法结构、词汇用法等知识。这 10 亿个词的文本数据涵盖了各种主题、风格和语境，从而确保了模型能够具备广泛的语言知识和理解能力。

在训练过程中，模型会不断地尝试根据输入的文本生成相应的输出，并与实际的文本数据进行对比。通过计算误差并不断地调整参数，模型可以逐渐提高其生成语言的准确性和流畅性。这个过程就像是一个不断试错和学习的过程，模型通过不断地练习和调整，最终能够掌握语言的精髓并灵活地运用它。

那么，问题来了：要训练这样一个模型，我们的计算机每秒钟需要完成多少次浮点运算呢？这个数值就是我们要估算的 FLOPS。

当然，实际的计算过程会比这个复杂得多，因为 FLOPS 不仅与模型的参数数量和语料库大小有关，还受到很多其他因素的影响，比如模型的结构、训练算法的选择、计算机硬件的性能等等。但是，通过这个简单的例子，我们可以大致理解到，训练一个大规模的语言模型时，需要的计算量是非常惊人的。

了解 FLOPS 对于开发 LLM 至关重要。FLOPS 作为一个关键指标，能够协助开发者更精准地评估模型性能、合理规划计算资源、有效优化模型结构，并指导选择合适的硬件设备。通过充分利用 FLOPS，可以显著提升模型的运行效率和整体性能，从而更好地满足实际应用场景的需求。

4.2 权衡 FLOPS 与 Accuracy

当我们挑选语言模型来帮忙完成各种任务时，除了看它能不能快速给出答案，还有一个超级重要的指标不能忽视，那就是模型的准确率（Accuracy）。如果模型回答得很快，但错误百出，那我们也用不了。所以，这次我们来做个有趣的比较，就像给四个超级大脑（BERT、GPT-2、GPT-3、PaLM）来个"智力与速度"的大比拼。

假设这四个模型就像是四位参赛者，在比赛中既要拼速度（这里用FLOPS，也就是每秒能完成的浮点运算次数来衡量），也要拼正确率。我们用一个很直观的方法——画图，来展示这场较量。如图 4-5 所示，每个点就是一个模型，横轴代表它的"运算速度"（FLOPS），纵轴则是它的"聪明程度"（准确率）。

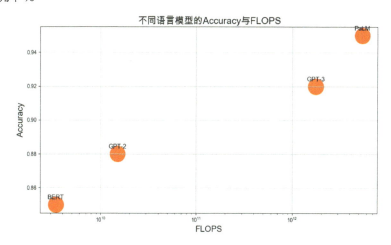

在评估语言模型时，不能只看速度（如 FLOPS）而忽视准确率。

图4-5　一个优秀的模型应该在速度和准确率之间找到良好的平衡。在选择模型时，需要综合考虑其处理速度和结果的可靠性

尽管这只是一个基于假设的模拟图，并未经过严谨的科学实验验证，但仍然能够从中洞察到许多有价值的信息和趋势。

- 首先，那些运算速度更快的模型，往往也更聪明。就像是跑步快的孩子，解题也快一样，这些大规模、复杂的模型在任务上通常表现得更出色。
- 各类语言模型之间的性能差异显著。以 PaLM 模型为例，其不仅拥有最高的 FLOPS，同时准确率也位居榜首；相比之下，BERT 模型则在

FLOPS 与准确率上均略显逊色，体现了不同模型间的性能分层。

- 在追求模型性能优化的过程中，还需审慎考虑伴随而来的计算成本增加，这构成了一种潜在的权衡。因此，在甄选最适合的语言模型时，必须全面评估模型的性能表现与所需资源的消耗，以确保选择的合理性。

4.3 模型的选择策略

在探索大语言模型训练的征途中，我们遭遇了一个核心难题：如何在有限的计算资源约束下，寻觅到最具成本效益的训练策略？这一挑战的核心，在于如何精妙地平衡 FLOATS（浮点运算次数）与模型精确度之间的关系。

当有一天，我们手握一笔固定的预算，旨在培育一个智能的"思维引擎"——语言模型。此时，如何精明地投资就显得尤为关键。我们不能仅仅聚焦于模型的庞大程度或参数数量，因为这不仅可能迅速耗尽我们的资金，而且效果未必理想。

科研实验揭示了一个有趣的现象：有些模型，如 Chinchilla，宛如精打细算的理财高手，即便参数有限，也能在有限的训练数据中展现出非凡的智慧。相反，那些"巨无霸"模型，如 Megatron-Turing NLG 和 Gopher，尽管参数众多，若训练数据不足，其表现也不尽人意。

这为我们提供了宝贵的启示：通过深入研究这些小巧而高效的模型，我们可以大致预见，在提供更多资源的情况下，它们将如何蜕变。这样，我们就能根据自身实际情况，做出更为明智的决策，既避免资源浪费，又确保模型的效果。

更为引人注目的是，当模型规模跨越某个关键阈值时，其能力仿佛瞬间觉醒，实现飞跃式提升。Google 的 LaMDA 模型便是一个生动的例证，当 FLOATS 达到某个特定值时，其性能会显著增强，并展现出突如其来的新能力，即突发性能力（Emergent Abilities），令人刮目相看。

因此，训练大语言模型远非简单地堆砌参数或增加数据那么简单。我们需要更加明智地选择模型，更加合理地分配资源，以确保在不超出预算的前提下，培育出既聪明又高效的"思维引擎"。

5

语境内学习：利用提示工程有效提升服务（利用提示控制语言模型，推动智能系统的应用）

5.1 走近提示工程

之前，向大家介绍了 LLM 的两大关键技术：微调与提示策略。LLM 之所以厉害，是因为它能很好地理解和回应我们的自然语言指令。通常来说，只要我们的指令足够明确、逻辑清晰，LLM 就能给出让人满意的答案。但你知道吗？如果我们能掌握更多技巧，就能更好地发挥 LLM 的潜力，让它给出更加精彩的回应。这里就要提到一个叫作"提示工程"的方法了。

简单来说，提示工程就是通过精心设计的文字提示，来告诉 AI 我们想要它做什么，然后 AI 就能更准确地给出我们想要的答案。这种方法能让 AI 进行更深入的思考，给出更符合我们目标的回应。在未来，这种创新的人机交互方式将会在 AI 应用中扮演越来越重要的角色。

在 2022 年，Google 的研究团队揭晓了一项名为 PaLM-SayCan 的创新成果，该成果巧妙地运用了提示工程技术，实现了机器人行为的智能化生成。这一突破性进展依托于 LLM，为长期存在的"符号落地问题"提供了潜在的解决方案。

"符号落地问题"的核心挑战在于，计算机需理解并桥接抽象符号（涵盖语言、文字及各类符号）与现实世界具体事物之间的联系，即如何让计算机准确把握我们用语言所描绘的现实世界中的实体与情境。

举个符号落地的例子：

- 我们说"苹果"，我们知道这是一个具体的水果，有形状、颜色和味道。
- 计算机看到"苹果"这个词时，需要知道它不仅仅是几个字符的组合，而是代表一个具体的水果。

LLM 通过大量数据的训练，积累了丰富的知识和语言理解能力。通过提示工程，我们可以设计合适的提示，让模型更好地理解语言中的符号，并将其与实际意义关联起来，示例如下。

- 明确描述问题：我们可以设计提示，提供上下文信息，让模型更好地理解抽象概念。例如，提示："苹果是一种水果，它的颜色通常是红色或绿色，有甜味。请描述其他类似的水果。"
- 提供示例：通过提供具体示例，模型可以更好地将符号与实际事物联系起来。例如："苹果和香蕉都是水果。苹果是红色的，香蕉是黄色的。请再举一个水果的例子。"

在实际应用中，提示工程可以帮助解决许多需要符号落地的问题，示例如下。

- 智能问答系统：让计算机更好地理解用户的问题，并给出准确的回答。
- 翻译：通过理解上下文，更准确地将语言符号转化为另一种语言中的具体表达（见图 5-1）。
- 文本生成：根据提示生成与现实世界更相关的内容，如写作、新闻报道、写道歉信等（见图 5-2）。

通过提示工程，我们可以更有效地引导 LLM 理解和使用抽象符号，从而在一定程度上解决计算机在处理符号和实际世界之间关系时遇到的困难。

基于Transformer的LLM在翻译领域的应用将越来越广泛和精确。不断增长的计算能力和更丰富的训练数据将进一步提升模型的翻译质量和覆盖面。

代表性语言模型
Transformer、GPT-3.5、NLLB

图5-1　Transformer 模型是一种神经网络架构，特别适用于处理序列数据。它利用自注意力机制，可以有效地捕捉句子中各个词之间的关系，从而在理解和生成自然语言方面表现出色

从诗歌、小说、道歉信、商务信函等文本生成的应用充分体现了LLM的巨大威力。这种具有"判断力"的机制有望未来实现多领域业务的自动化。

代表性语言模型
GPT-3.5、BERT、T5、PaLM

图5-2　理解文本数据的含义，理解文章的内容并进行分类，回答问题，生成新的文章等。这些实际应用足以体现提示工程在文本生成领域的魅力

5.2 提示工程驱使语言模型"万能化"

2022 年，Google 的一位工程师提到"人工智能产生意识"的话题，一时间引发了广泛关注。这位工程师展示了基于最新语言模型的对话型 AI，虽然它只是伪装成人类，但令人惊讶的是，AI 已经进化到看起来具有意识的程度。

不管 AI 真正产生意识的那一天何时到来，至少现在每年甚至每个月都有最新、惊艳的 AI 技术登场。例如，当人类对机器人说："我不小心把红酒洒在桌子上了，能帮帮我吗？"机器人会用摄像头确认周围的环境，判断自己能做什么，然后把附近的抹布递给人类。

过去，人类在与机器人交互时需要对机器人发出具体的指令，机器人才能明白需要执行的任务。与此不同，Google 在 2022 年发布了最新的人工智能机器人 PaLM-SayCan。它能够理解人类含糊的对话请求，并将其转化为具体的行动计划，从而使机器人更加智能和自主地执行任务。

PaLM-SayCan 通过将人类的请求发送给 Google 的大语言模型 PaLM，利用自然语言处理中的任务问答来推导出几个符合人类要求的候选答案。接着，PaLM-SayCan 根据机器人摄像机拍摄到的周围环境情况，推导出几个机器人可以当场完成的候选动作。这些动作模式已经通过深度强化学习预先开发完成（见图 5-3）。

然后，PaLM-SayCan 将语言模型导出的候选答案与从环境信息导出的候选动作进行对照，选出符合人类要求的最佳动作，制定行动计划。因为它将语言模型导出的应该说（Say）的候选答案与从环境信息导出的可能的动作（Can）候选答案相匹配，因此被命名为 PaLM-SayCan。

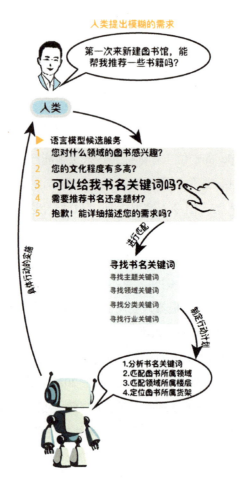

图5-3 通过结合 LLM 和环境感知，AI 可以理解含糊的自然语言请求并转化为具体行动。这展示了 AI 在自主决策和人机交互中的巨大潜力，推动了更智能、更人性化的大语言模型的应用

类似 PaLM-SayCan 这种拥有惊人能力的 AI，几乎每个月都有登场。进入 2022 年，这一频率不断加快。

- 生物制药领域，deepmind 开发的预测蛋白质立体结构的人工智能"AlphaFold2"已完成对 2 亿种蛋白质立体结构的预测，受到了生物界极大的轰动。

● 图像生成领域，2022 年 Midjourney 和 Stable Diffusion 的登场为后来推出的对话型 AI（ChatGPT）奠定了良好的用户基础。

如今，LLM 在图像、声音、视频、三维等领域全面开花。有趣的是，模型接触的数据种类越多，其表现精度就越高。简单来说，模型见得多，做事就更准。能够同时处理文本、图像、视频、声音、三维等多种类型（模态）的模型呈现出多模态的进化趋势。

过去，要处理不同类型的数据，必须为每种类型训练一个单独的机器学习模型。在老式多模态情况下，需要用不同的数据来训练各种不同的模型，然后再用这些模型处理各自的数据类型。然而，随着基础模型和大规模模型的发展，多模态技术得到了更好的支持和进步，使得一个模型能够高效地处理多种类型的数据。不难看出，AI 的快速发展正朝着"万能化"的趋势进行。

5.3　懂"提示"的 AI 会"驱逐"程序员吗

回顾 AI 的发展历程，我们见证了多次兴衰更替，如今正步入被喻为"第三次 AI 浪潮"的新时代。尽管早期以"AI 寒冬"著称的停滞期让人记忆犹新，但随着 AI 技术的实用化进程加速，特别是"深度学习"技术的突破性进展，这一领域已焕发出前所未有的活力。最初，AI 的兴起可追溯至 20 世纪 50 年代末至 60 年代，其概念初现端倪便引起了广泛关注。随后，在 20 世纪 80 年代，AI 迎来了第二次热潮。以"专家系统"为代表的应用在全球范围内广泛兴起，展现了 AI 模拟人类专家决策的能力，极大地推动了 AI 技术的商业化应用。与此同时，中国也积极投身于 AI 领域的研究与探索中，其中不乏具有里程碑意义的项目。

在中国，AI 的发展得到了国家层面的高度重视与大力支持。中国科学家和工程师们积极投身于多项旨在推进 AI 技术进步的计划和项目中，这些项目不仅深入探索 AI 的基础理论，更着重于将 AI 技术应用于解决实际挑战，覆盖智能制造、智能医疗、智能交通等多个领域。值得注意的是，中国在 AI 领域的探索是全方位、多层次的，既注重理论研究的深度，也强调实践应用的广度。同时，中国积极寻求与国际先进水平的接轨与合作，通过与国外顶尖科研机构、高等学府及企业的紧密合作，共同推动 AI 技术的创新与发展，为全球 AI 技术的进步贡献了不可或缺的力量。

然而，好景不长，AI 随后陷入了长达数年的寒冬期。直到深度学习技术的崛起，特别是它在图像识别领域实现的精度飞跃，才彻底改变了这一局面，使得 AI 技术开始深刻影响社会各领域。尽管深度学习在 NLP 方面也取得了显著进展，但初期仍面临理解语言的复杂性挑战，难以企及人类水平的语义理解能力。

2017 年，Transformer 模型的横空出世，为 NLP 领域带来了革命性变化。该模型通过全面引入"自注意力机制"，实现了对文本长距离依赖关系的有效捕捉，为后续的 BERT、GPT 等先进模型的诞生奠定了坚实基础，这些模型在自然语言理解、生成等方面展现出了惊人的能力。

引人注目的是，AI 的革新步伐已跨越自然语言处理的疆界，深入编程领域，展现出其广泛的影响力。2022 年 GitHub 推出的 Copilot 便是这股 AI 编程浪潮中的标志性事件。尽管当前 AI 生成代码的能力仍有待完善，但其展现出的巨大潜力已不容忽视，预示着"AI 编程"正逐步走向现实。而 OpenAI 的 Codex（见图 5-4）更是将此能力推向新高度，仅需用户简述代码需求，它便能迅速生成完整的程序。随着技术需求的日益增长和技术的不断迭代，未来 AI 在编程领域的表现有望与人类程序员并驾齐驱，甚至超越。Codex 的卓越表现背后，是其对庞大数据集的深度挖掘与先进机器学习技术的巧妙运用。通过深入学习海量的现存代码和广泛的编程知识，它已熟练掌握编程的规则与模式，能够精确捕捉用户意图，并高效生成满足需求的代码。

图5-4　Codex 作为一种智能编程助手，通过大规模学习编程知识和数据，能够根据用户的描述生成相应的代码，极大地提高了编程效率，而且学习门槛比较低

那么，这是否预示着人类程序员即将面临失业的危机呢？答案远非如此简单明了。

（1）重复性工作的自动化

随着 AI 技术的发展，许多编程过程中的重复性任务，如代码生成、测试和调试等，已经可以通过自动化工具来完成。这不仅提高了开发效率，也降低了对初级程序员的需求。例如，GitHub Copilot 等 AI 辅助编程工具能够根据程序员输入的少量代码或自然语言描述，自动生成完整的代码片段（见图 5-5），这在一定程度上减少了程序员在编写基础代码上的工作量。

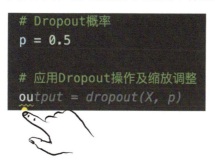

```
# Dropout概率
p = 0.5

# 应用Dropout操作及缩放调整
output = dropout(X, p)
```

图5-5　当输入 "ou" 的时候，AI 辅助编程工具会结合程序的上下文推理出当前代码行后续的完整代码

（2）低代码/无代码平台的兴起

近年来，低代码/无代码开发平台的兴起进一步降低了对传统程序员的需

求。这些平台允许非专业编程人员通过图形界面和简单的配置来快速开发应用，使得企业能够更高效地实现数字化转型。虽然这些平台不能完全取代专业程序员，但它们确实在某些领域和场景下对传统程序员构成了竞争压力（见图5-6）。

图5-6 随着低代码/无代码平台的普及，简单的编程任务可能会被自动化。因此，对于程序员来说，更重要的是理解业务需求，具备创新思维，以及能够利用技术解决实际问题

曾有一项专业测试与调研揭示，在引入 GitHub Copilot 等先进的 AI 辅助编程工具后，初级程序员的工作效率实现了显著提升，他们在编写基础代码上所花费的时间大幅缩减。然而，这一变革并未让公司的高级程序员感到职位受到威胁，相反，他们借此机会将更多精力投入到复杂算法的设计优化、系统架构的改进升级等更高层次的挑战中。这一现象有力地证明了，尽管 AI 技术能够胜任部分基础性工作，但高级程序员因其独特的价值与专业能力，其不可替代性依然十分显著。

另有一份数据报告指出，一家专注于医疗健康领域的软件开发公司，成功研发出一款集医疗影像分析、患者数据管理及远程医疗咨询功能于一体的综合性平台。这一项目的成功，很大程度上归功于公司程序员团队不仅掌握了深厚的编程技术，更对医疗健康领域的专业知识与业务流程有着深入的理解。这种跨领域的综合能力，是当前 AI 技术难以匹敌的，也是该公司在激烈的市场竞争中能够脱颖而出的重要原因之一。

人类程序员的不可替代性

（1）创新思维与问题解决能力

尽管 AI 技术强大，但它目前还难以完全替代人类的创新思维和问题解决能力。程序员在软件开发过程中，经常需要面对复杂的问题和挑战，需要运用自己的智慧和经验来找到最优解。这种能力是 AI 在短时间内难以模仿和超越的。

（2）跨领域知识与综合能力

随着技术的不断融合和创新，越来越多的软件应用需要跨领域的知识和综合能力。例如，医疗健康、金融科技、物联网等领域的软件开发，不仅需要深厚的编程技术功底，还需要具备相关领域的专业知识和实践经验。这些能力往往是 AI 难以全面具备的。

AI 技术的迅猛发展确实给程序员就业市场带来了不小的冲击与挑战，但同时也为程序员开辟了更为广阔的职业发展空间与机遇。面对这一变革，程序员的核心策略在于不断提升个人的专业素养与综合能力，积极接纳并融入新技术、新挑战与新机遇的浪潮中。唯有如此，方能在日新月异的市场环境中保持强劲的竞争力，实现个人职业生涯的持续飞跃。

诚然，正如菜刀既可便捷切菜也可能带来伤害，我们不能因 AI 潜在的负面风险而全面否定其巨大价值。相反，我们应积极探寻与 AI 和谐共存之道，将其视为强大的辅助工具，用以提升工作效率。同时，程序员还需不断拓展自身的技能边界，着重培养解决复杂问题、创新思维及人际交往等 AI 难以匹敌的核心能力。在这个 AI 与人类共融的新纪元，适应变化、持续学习，才是我们立足职场、赢得未来的根本之道。

5.4　熟悉几种具体的提示形式

在前文中，我们已经从宏观层面对提示及提示工程进行了阐述。接下来，让我们将视角转向更为微观的层面，深入剖析提示与提示工程的内核。

LLM 具有强大的生成能力，而这种能力的发挥往往依赖于精心设计的提示。提示不仅为模型提供了明确的任务指引，还能够在很大程度上影响生成结果的质量和准确性。根据提示的数量和具体形式，我们可以将提示的应用场景细分为三类：

- Zero-shot（零样本）
- One-shot（单样本）
- Few-shot（少样本）

LLM 在处理海量数据的过程中，展现出了强大的推理能力，往往能够在无须任何额外提示的情况下直接推导出答案。这种无须提示即可进行推断的情形，被称为 "Zero-shot 提示"。相对地，当给予模型一定的提示后，它能据此导出答案，这种情况则被称为 "Few-shot 提示"。特别地，当仅提供一个单一提示时，我们称之为 "One-shot 提示"。

简单地用图来直观展示吧。在图 5-7 中，我们将采用抽象的图形元素，即 "提示" 与 "问题"，来描绘提示的构成。其中，未包含任何提示，仅依据问题本身进行推理的情形，我们称之为 "Zero-shot"；若提供一个提示以辅助解答，则为 "One-shot"；而当提示数量达到两个或更多时，便构成了 "Few-shot" 的场景。

图5-7　从 Zero-shot 到 Few-shot 的递进，反映了学习过程中的逐步引导和知识积累。初学者可能需要更多的提示来掌握新概念，而随着经验的积累，模型能够在更少的提示下解决问题

让我们用实际的提示和例子来理解提示的用法。在这里，我们以"让读者按照指定格式回答水果的颜色"为具体例子来进行学习。

以下是 Zero-shot 提示（见图 5-8）。

橘子

AI 橘子，也被称为桔子，是芸香科柑桔属的一种水果，以其鲜艳的色彩和酸甜可口的口感深受人们喜爱。以下是对橘子的详细介绍……

图 5-8 Zero-shot 提示示例

其实我们期望的答案是"橘子->桔红色"。但是，如果按照上面的提示，就会出现关于橘子的介绍。即使人类也很难根据上述提示推导出答案。因此，我们给模型一个提示。

以下是 One-shot 提示（见图 5-9）。

橘子 -> 橘红色
鸭梨 ->

AI 鸭梨 -> 黄色

图 5-9 One-shot 提示示例

像这样，因为橘子是橘红色的提示，也能得到"鸭梨->黄色"的答案。但是，提示的意图并不会总是十全十美，也有意图不明确的时候，颜色以外的答案内容也会输出。接下来，我们可以尝试给出多个提示。

以下是 Few-shot 提示（见图 5-10）。

橘子->橘红色
鸭梨->黄色
苹果->青红色
香蕉->

AI 香蕉 ->黄色

图 5-10 Few-shot 提示示例

当拥有多个明确的提示时，如橘子对应橘红色、鸭梨对应黄色、苹果对应青红色等，LLM 如文心一言（文小言）、科大讯飞、ChatGPT 等，理应能够更准确地理解并输出符合预期的结果。

在实际应用中，若初次尝试（即 Zero-shot）未能达到预期，我们可以通过增加一个具体提示（One-shot）来引导模型。若效果仍不理想，进一步增加提示数量（Few-shot）往往能帮助模型更顺利地给出我们期望的答案。这种方法通过逐步增加提示的详细度和数量，有助于提升 LLM 在任务中的表现和准确性。

搜索引擎与 LLM 如同孪生子姐妹

搜索引擎与 LLM 之间的关系，在某种程度上，可以比喻为孪生姐妹，它们各自独立却又在信息处理领域内相辅相成。与传统搜索引擎如百度、搜狐等的比较中，我们发现，在使用大语言模型时，用户同样可以借鉴传统搜索的思维方式，以有效获取目标输出。

关键在于，无论是使用搜索引擎还是 LLM，精确指定包含目标信息的"关键词"都是至关重要的第一步。以了解 Python 的条件判断语法为例，如果仅输入"条件判断表达式"，结果可能会过于宽泛，无法直接定位到所需信息。而通过添加"Python"这一关键词，形成"Python 条件判断表达式"的查询，就能显著缩小搜索范围，提高结果的准确性（见图 5-11）。进一步地，通过细化查询为"Python 条件判断表达式文档"，甚至能直接找到 Python 官方文档中的相关信息，从而获取最权威、最详细的解答。

这一过程中，关键词的选取和组合起到了至关重要的作用。它们像是一把把精准的钥匙，帮助用户打开通往目标信息的大门。在使用 LLM 时，这一思路同样适用。相比笼统地提问"请告诉我关于条件判断表达式"，更具体、更明确的提问"请告诉我关于 Python 条件判断表达式"能更有效地引导模型生成与目标高度相关的信息，从而提升信息获取的效率和质量。

 条件判断表达式

AI 条件判断表达式是编程中用于根据给定条件决定程序执行路径的一种基本结构。在不同的编程语言中，条件判断表达式的具体语法可能有所不同，但核心思想是一致的：根据条件的真假，选择执行相应的代码块。

 Python条件判断表达式

AI 在Python中，条件判断表达式主要通过if、elif和else语句来实现，这些语句允许程序根据条件的真假来执行不同的代码块。此外，Python还支持一种简洁的条件表达式，即三元运算符（又称条件运算符），它的语法为：A if condition else B，用于根据条件直接返回两个值中的一个。

图 5-11　尽管 LLM 在信息处理方面有着独特的优势，但用户仍然可以借鉴传统搜索引擎的思维方式来优化查询

6

思维链（CoT）推理：加强文本逻辑和连贯性（提升模型的语言理解和生成水平）

6.1 趣聊思维链推理，让 AI 更聪明更有逻辑

本小节要揭开一个神秘的面纱，探索一项让人兴奋的技术——思维链推理（CoT）！你可能会想，这是什么东西？别急，让我来为你解惑。

首先，让我来解释一下什么是思维链推理。"Chain-of-Thought"简称：CoT。CoT 推理其实就是让计算机像人一样思考的一种方法。你知道人类思维是如何运作的吗？我们会将不同的想法、信息串联起来，形成一个又一个的思维链。例如，当你看到一颗樱桃时，就会想到水果、红润、解渴等等。思维链推理就是让计算机也能像人一样，通过连接不同的概念来进行推理和理解（见图 6-1）。

现在你可能会问，为什么我们要让计算机像人一样思考呢？好问题！因为这样，计算机就可以更好地理解我们的语言，更准确地回答问题，甚至可以和我们进行更自然的交流。

那么，思维链推理是如何实现的呢？其实，背后有很多复杂的算法和模型支持。简单来说，就是让计算机学会了把不同的信息联系起来，形成一条又一条的思维链。就像你玩拼图一样，把不同的碎片拼接在一起，最终形成一个完整的画面（见图 6-2）。

图6-1 通过樱桃主题联想、分类归属、细化深化和多层次信息，构建了一个关于樱桃的完整知识链，这正是生活中思维链思想的体现

图6-2 拼图和思维链都涉及组合和整合，同时需要逻辑性和系统性，需要一种对复杂问题进行结构化分析的方法

但是，就像我们学习一样，计算机也需要不断地训练和积累经验才能变得越来越聪明。所以，要想让思维链推理技术发挥最大的作用，就需要大量的数据和长时间的训练。

不过，别担心，虽然思维链推理听起来有点复杂，但我们可以通过一些幽默风趣的比喻来理解。思维链就像是一条蜿蜒的小溪，信息就像是小石子，而推理就是一只灵活的鱼在其中穿梭。通过不断地游动，这只鱼可以探索到更多的水域，发现更多的美食（也就是答案）（见图6-3）。

图6-3　小鱼寻食的比喻很好地解释了思维链的概念以及其背后的工作方式。形象地说明了思维链中信息的多样性、推理的灵活性以及不断探索的过程

所以，思维链推理技术不但让我们的计算机变得更聪明，更有逻辑，而且让我们的世界变得更加有趣。让我们期待，未来我们身边的各种智能设备会变得越来越像一个有思想、有灵魂的伙伴！

6.2　巧用思维链，改善 LLM 推理能力

在生活中，我们时常会遇到遗忘的情况，即使绞尽脑汁也难以回忆起答案。然而，有时一些零星的线索却能悄然浮现，引领我们逐步逼近真相。同样地，**LLM** 在处理问题时也会面临类似的挑战，但幸运的是，它可以通过构建

思维链来破解难题。思维链在 LLM 中的应用，是通过展示一系列中间推理步骤，从而增强其推理与解决问题的能力的。特别是在 Few-shot 提示的情境下，融入这些细致的推理步骤，使得 LLM 能够胜任更为复杂和高级的任务。思维链的基本结构如图 6-4 所示。

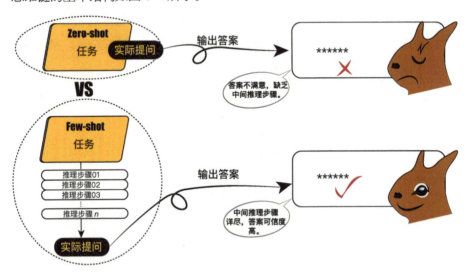

图 6-4　思维链通过指定中间的推理步骤，改善推理能力，结果也会更令人信服

让我们具体看一个关于 Zero-shot 提示和 CoT 相结合的有趣案例。

故事场景是关于一个聪明上进的小男孩在校园里遇到困难。他的同学们都很受欢迎，而他却经常被排挤。他决定在学校活动中展示自己的绘画天赋，结果赢得了大家的关注。

【Zero-shot 提示案例】

问题：是什么激励了小男孩在学校活动中展示绘画技能?

CoT 推理过程（见图 6-5）：

1. 被排挤：故事提到小男孩经常被排挤，这可能给他带来负面的情绪和压力。

2. 寻找认可：由于被排挤，他可能渴望获得同学们的认可和接受。

3. 展示技能：展示绘画技能是一个能吸引注意力的机会，可能是获得认可的一种方式。

4. 赢得关注：最终，展示绘画成功赢得了大家的关注，这表明他的动机是为了获得同学们的认同。

答案：

小男孩展示绘画技能的动机可能是因为他想获得同学们的认可和接受，作为应对被排挤的方式。

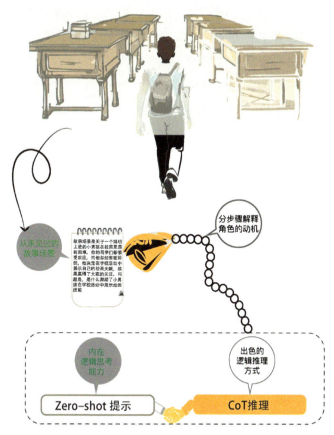

图6-5 案例强调了 CoT 推理在理解复杂问题中的有效性，以及其在解构、连贯性和情感层面上的优势。通过一步一步地推理，我们可以更清晰地看到问题的全貌，并找出最合理的答案

6.3 提高思维链推理的稳健性

当我们向 LLM 如 ChatGPT 等提出问题，而初次得到的回答显得可疑或不够确信时，一种常见且有效的策略是采用"自我一致性"（Self-consistency）的方法来验证答案的准确性。自我一致性技术是一种通过多次独立地生成答案，并基于这些多次结果的一致性来确定最终答案的策略。具体来说，这一方法涉及在相同的条件下，让 LLM 对同一问题多次进行回答，然后统计并分析这些回答中出现频率最高的答案，以此作为最可靠的解答。

这种策略的核心在于利用 LLM 自身的稳定性和重复性，通过多次尝试来减少偶然误差和不确定性，从而提高答案的正确率。它类似于学生在学习过程中反复检查自己的作业，通过多次核对来确保答案的准确性。同时，这一过程也模拟了专家团队在面对复杂问题时所采用的协作方式：多位专家各自独立提出见解，最终通过多数决来达成共识，从而选出最合理的解决方案。

此外，自我一致性方法不仅显著增强答案的准确性，还能有效揭示 LLM 的潜在偏差与局限性。通过对比模型在多次迭代中生成的答案，我们能更深入地洞察其在处理特定类型问题时的稳定性和一致性表现，从而为模型的后续优化提供宝贵的反馈信息。

如图 6-6 所示，简要阐述了 LLM 自我一致性的基本原理及其工作流程。

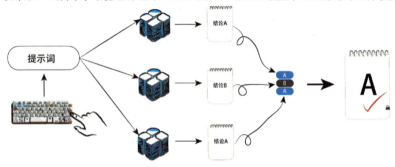

图6-6　借鉴 CoT 技术，通过提供少量的示例或引导信息，来激发模型更好的推理能力

- 首先，为 LLM 提供提示：此提示采用了 Few-shot 思维链（CoT）技术，旨在引导模型进行更为深入和连贯的推理。
- 利用提示生成多个答案：基于所给提示，模型会生成一系列候选答案。
- 选择最终答案：通过统计上述答案中各选项的出现频率，选取频率最高的选项作为最终输出答案。

这一流程不仅提升了答案的可靠性，还通过多次迭代揭示了模型的内在特性，为后续的优化工作指明了方向。

6.4 思考树（ToT）：进化版的思维链

思考树（Tree-of-Thought，ToT）可以被视为思维链的升级版，后者是一种按步骤逐步推进的串联推理方式。而思考树，则是指引我们进行并联推理的强有力工具，这一方法显著提升了 LLM 的推理能力。简而言之，思考树是一个专为应对需要深入研究与预先理解的任务而设计的框架。

这一创新方法巧妙地融合了编程领域中的"搜索树"算法与"思维链"的概念。就像搜索树在编程中用于系统地探索问题解决方案一样，思考树也帮助我们全面而有序地展开思考，不遗漏任何一个可能的推理路径。同时，它又保留了思维链那种清晰、连贯的推理步骤，使得我们的思考过程既广泛又深入，从而更有效地解决问题。

通过采用思考树这种方法，我们不仅能够拓宽思路，找到更多潜在的解决方案，还能确保推理过程的严谨性和逻辑性，使我们在面对复杂问题时更加游刃有余。

以往，在运用传统的思维链方法时，我们面临着一个显著的挑战：如果在求解过程中的任何一个中间步骤出现错误，那么最终得出的答案也必然是错误的。这种"一步错，步步错"的局限性，往往限制了我们的解题效率和准确性。

然而，当我们转而采用思考树方法，并借助 LLM 的辅助时，情况就大为不同了。思考树具有一种独特的优势，即它能够在推理过程中及时识别并终止那些显然错误的路径，从而避免在这些无效路径上浪费时间和精力。更为重要的是，当一条路径被判定为不可行时，思考树会迅速调整策略，利用其他可行的方法进行继续探索。

这种灵活性和自我修正的能力，使得思考树在面对复杂问题时，能够更加高效地找到正确的解决方案。它不仅提高了我们的解题速度，还显著提升了答案的准确性，使我们在求解过程中更加得心应手。图 6-7 是思维链和思考树结构与原理的对比分析。

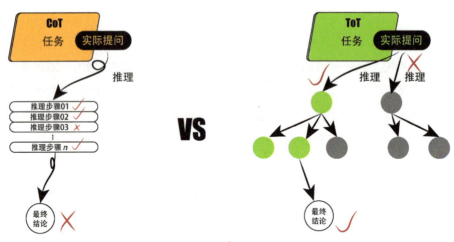

图6-7 在面对问题时，灵活性和自我修正能力是非常重要的。思考树方法正是因为具备了这些特点，所以能够在遇到错误或不可行的路径时迅速调整策略，继续探索其他可行的方法

从图 6-7 对比中可明确观察到，传统思维链方法在处理问题时存在一个显著弱点：一旦中间步骤出错，整个解答过程即告失败，这要求我们在运用时必须极端谨慎，确保每一步的精确无误。

　　相比之下，思考树方法展现出了显著的优势。它能够在推理进程中即时辨识并中断错误的路径，有效规避了在无效方向上的时间与精力消耗。此方法以其高度的灵活性和自我修正机制，在处理复杂问题时表现得更为高效且精确。鉴于不同方法在处理问题时各有其长短，我们的选择应基于问题的具体特性和需求。面对复杂问题时，思考树方法往往能提供更优的解决方案。

　　我们在解决问题时，不应拘泥于传统方法，而应保持开放心态，不断学习并探索新的方法与工具。这样做不仅能提升解题效率，还能确保答案的准确性，使我们在面对各种挑战时都能更加游刃有余。

7

指令微调器：优化模型在特定任务中的表现（提供高效的智能解决方案）

7.1 有效利用已有的数据集

指令微调（Instruction Tuning），这一别出心裁的微调技术，它的独特之处在于让训练模型去深刻理解和严格执行用户在各种任务场景下给出的具体指令，从而精准生成我们想要的结果。与传统微调方式不同，它不仅仅局限于提升模型在特定任务上的技能，还为模型装备了一个强大的泛化能力"加速器"。这使得模型在面对全新任务时，也能像变魔术一样，根据指令灵活调整，轻松应对。

指令微调的数据集就像是一本精心编写的"指令–答案"对照册。每一个指令都对应着一个明确的输出，就像老师给学生的练习题和参考答案一样。这样的结构让模型能够直接学习如何准确理解指令，并给出正确的回应。这本"对照册"的妙处可不止于此。它不仅能帮助模型在特定任务上表现出色，还能让模型学会"举一反三"的本事。就像我们学会了做一道数学题后，再遇到类似的题目也能游刃有余地解决。

更令人欣喜的是，这些已经准备好的数据集，就像是为我们研究人员和开发者准备的"学习宝典"，可以直接拿来使用，无须再费时费力地去收集和处理数据。这就像我们在复习时，有了现成的笔记和例题，学习效率自然突飞猛进。

而且，随着技术的不断进步和人们需求的变化，这本"对照册"还可以不断更新和扩展。我们可以添加新的指令类型，让指令更加清晰明了；也可以提高输出数据的质量，让模型学习得更加精准。这样一来，数据集就能一直为模型的训练和优化提供源源不断的动力，就像我们的知识库一样，越来越丰富、越来越完善。

尽管数据集的再利用是一种高效的策略，但在针对特定任务或专业领域的场景中，构建全新的、专门设计的指令数据集往往变得至关重要。这通常涉及人工精心策划指令及其期望的理想输出结果，以确保训练的有效性和针对性。

以诗歌生成为例，如果我们希望模型能够创作出具有特定风格的诗篇，就需要制定诸如"创作一首描绘春天景色的五言诗"这样明确且具体的指令，并为之配备符合该特定风格要求的诗歌作为训练样本。通过这种方式，我们可以为模型提供高度定制化的训练材料，从而使其能够更精确地适应并完成所指定的任务。

7.2　与"指令微调"容易混淆的技术

在了解指令微调技术时，明确区分它与两个容易混淆的概念：普通微调与提示工程，显得尤为重要，这将有助于我们在未来的实践中更加精准地把握和应用这些技术。

首先，让我们来聊聊普通微调，这是一种让已经过大量预训练的模型更好地适应特定任务的技巧。想象一下，你有一个能够识别各种图片的模型，但你现在希望它能更准确地认出某一种特定的物体，这时候，普通微调就派上用场了。通过在原有模型的基础上，用针对这个特定物体的数据再进行一番训练，模型的参数就会得到调整，从而在这个特定任务上表现得更加出色。普通微调主要聚焦在如何让模型更好地完成任务，而对于理解和执行具体的指令，它并不特别强调。

接下来，我们说说指令微调，这是一种更为精细的微调方法。它不仅关心模型在特定任务上的表现，还特别注重训练模型去理解和执行用户给出的具体指令。就像是你告诉模型："我要一个关于夏天的五言诗"，指令微调就能让模型明白你的意思，并生成出符合你要求的诗篇。这种技术让模型变得更加灵活和聪明，能够应对更多样化的用户需求，即使这些需求在训练数据中并没有明确出现过。

最后，我们来聊聊提示工程。这其实是一种很巧妙的方法，通过精心设计的提示来引导模型生成我们想要的输出。这些提示通常都很简短，但非常精炼，就像是一把钥匙，能够打开模型生成符合预期响应的大门。提示工程并不需要去改变模型的训练过程，而是通过巧妙地构造提示，就能让模型的输出变得更加优秀。比如，在写文章的时候，我们可以通过调整提示的措辞和结构，让模型生成的文章更加流畅和连贯。

下面通过一个图来诠释三者的区别（见图7-1）。

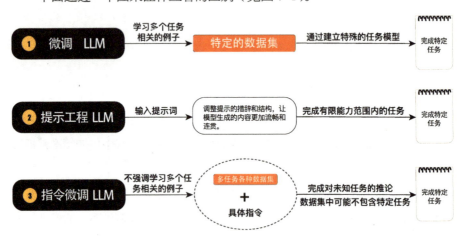

图7-1 图中通过三条并行的任务路径，清晰地展示了普通微调、提示工程以及指令微调三者之间的区别与相互联系

在深入探讨的图示第三条路径中，我们目睹了指令微调技术为 LLM 带来

的革命性转变，这一技术精妙地训练了 LLM，使其能够深刻领会并高效精确地执行用户提出的各类复杂指令。这一过程不仅仅是 LLM 对指令字面意义的简单响应，更是其对指令背后深层意图与语境的透彻理解，彰显了 LLM 高度的认知智能。通过指令微调，LLM 展现出了惊人的适应性，能够根据用户的具体需求，灵活调整其处理策略与行为模式，以精准完成各种特定任务。

这一技术的应用，犹如为 LLM 配备了一把无坚不摧的"智能钥匙"，使其能够轻松解锁并妥善处理来自不同领域、形式多样的用户指令。无论是要求生成具有特定风格或情感的文本内容，还是解答涉及高深专业知识的问题，乃至执行一些前所未有的创新性任务，LLM 都能凭借指令微调赋予的能力，游刃有余地应对挑战，展现出卓越的性能与广泛的适用性。

更为重要的是，指令微调技术的引入，极大地拓宽了 LLM 的应用边界与实用价值。它不仅使得 LLM 在教育、科研、娱乐等多个领域都能发挥出巨大潜力，还为推动 AI 技术的进一步发展与应用提供了强大的支撑。随着指令微调技术的不断优化与深化，我们有理由相信，LLM 将在未来展现出更加令人瞩目的智能表现，为人类社会带来更多的便利与惊喜。

7.3　指令微调存在的问题和挑战

指令微调技术展现出其在提升智能系统理解与执行能力上的巨大潜力。然而，在实际应用中，这项技术也面临着不少挑战，尤其是如何构建大规模、高质量的数据集，成为制约其发展的关键问题。

设想，要教会一个智能系统准确理解和执行各种指令，就需要大量的"教材"——即指令与对应输出的数据集。但这个过程不仅耗时费力，而且难以保证数据集的多样性和全面性。这就像我们教孩子学习，如果教材不够丰富多样，孩子就难以掌握全面的知识。同样，数据集的限制也会直接影响模型在微调后对各类指令的理解和执行能力。

另外，传统的指令微调方法往往是一种静态的训练模式，即模型只能根据预先设定的指令-输出对进行学习，而无法根据其实际输出获得即时反馈和调整。这就像学生在做题时，如果做错了却得不到及时的纠正和指导，就很难在后续的学习中自我修正和进步。因此，如何探索更为高效、动态的数据构建与反馈机制，成为推动指令微调技术进一步发展的关键。

以智能客服系统为例，它就是指令微调技术应用的一个生动实践。在这个系统中，通过有监督的方式对预训练的 LLM 进行精细化调整，使其更好地适应客服领域的特定任务需求。为了增强模型对用户指令的理解与响应能力，我们会充分利用现有的产品问答数据集，并将其转化为指令-输出对格式进行训练。然而，我们也深知单纯依赖现有数据集是远远不够的。因为用户的查询需求是多样且复杂的，现有的数据集很难全面覆盖。因此，我们还会针对特定场景或复杂查询，精心制作新的指令数据集，以提升模型的泛化能力和指令遵从性。

在指令微调的过程中，我们主要面临两大挑战：

- 一是数据集规模和质量的局限性可能导致模型性能不佳。
- 二是无法对模型输出进行实时反馈，难以及时发现并纠正问题。为了应对这些挑战，我们正在努力扩大数据集规模、提升数据质量，并积极探索引入用户反馈循环机制，以期在实际运行中不断优化模型性能，提升用户满意度。

总的来说，指令微调技术虽然潜力巨大，但要想充分发挥其优势，还需要我们在数据集构建、反馈机制探索等方面不断努力和创新。

8

人类反馈强化学习：实现个性化和协同学习（利用人类反馈实现模型学习的精准性和个性化，促进人机协同合作）

8.1 强化学习的奖励机制

人类反馈的强化学习（Reinforcement Learning from Human Feedback，RLHF），是一种巧妙融合了强化学习算法和人类智慧的训练技术。如果我们能让机器不仅按照预设规则行动，还能听取人类的意见来调整自己的行为，那会是多么神奇！这正是 RLHF 的核心理念。

强化学习本身，就像是一场寻宝游戏。计算机（或我们常说的智能体）在这个游戏中，需要遵循一定的规则去行动。每当它做出一个动作，都会根据这个结果获得相应的奖励或惩罚。就像在游戏中，找到宝藏就能得到高分（正面奖励），而走入陷阱则会扣分（负面奖励）。通过这样不断尝试和调整，智能体就能逐渐学会如何在这个游戏中获得更高的分数，也就是优化了自己的行为策略。

但是，在现实世界中，很多事情并不像游戏那样有明确的胜负规则。这时，RLHF 就派上了用场。它让人类参与到这个过程中来，用我们的主观判断来告诉智能体哪些行为是好的，哪些是不好的。这样，智能体就能根据人类的反馈，学习到一个更加符合我们期望的奖励模型，并基于这个模型来优化自己的行为（见图 8-1）。

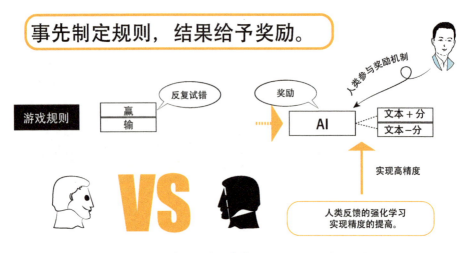

事先制定规则，结果给予奖励。

游戏规则　　赢／输　　反复试错　　奖励　　AI　　文本＋分／文本－分　　人类参与奖励机制

实现高精度

人类反馈的强化学习实现精度的提高。

图8-1　RLHF为解决现实世界中的复杂问题提供了一种新的途径。通过结合人类的智慧和机器的学习能力，我们可以训练出更加智能、更加符合人类期望的智能体

以棋类游戏为例，比如围棋和象棋。这些游戏有着明确的规则和胜负标准，非常适合用强化学习来训练 AI。AI 可以通过不断与自己对弈，或者与人类玩家对战，来学习如何下棋才能更容易获胜。而在这个过程中，如果加入了人类的反馈，比如告诉 AI 哪些棋步走得好，哪些走得不好，那么 AI 就能更快地学会如何下棋，甚至可能超越人类的水平。

强化学习的厉害之处，就在于它像是个超级适应者，还拥有自学成才的本事。例如，一个 AI 系统，就像是个好奇的孩子，它会在一个复杂多变的环境里不断尝试各种方法，每做一次尝试，就会根据得到的反馈来调整自己的策略。这样，慢慢地，它就能在这个环境里找到最好，或者接近最好的解决办法了。

这种方法可不仅仅适用于我们熟悉的棋类游戏。实际上，强化学习已经大显身手，在好多领域都发挥了重要作用。比如，在机器人控制上，它能帮助机器人学会如何灵活地完成各种任务；在自动驾驶上，它能让汽车更聪明地应对路上的各种情况；还有在自然语言处理上，它能让 AI 更好地理解我们说的话，甚至和我们聊得滔滔不绝。

8.2 奖励标准的考量

AI 生成文本的奖励标准是由谁、如何决定的呢？在探讨 AI 生成文本的奖励标准时，以 ChatGPT 为例，我们可以深入了解这一机制的制定者、制定方式以及用户如何参与其中（见图 8-2）。

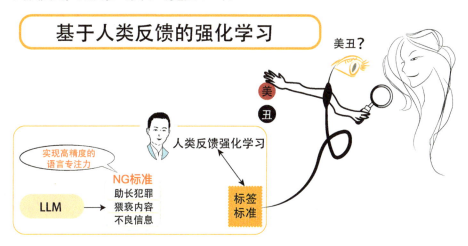

图 8-2　AI 生成文本的奖励标准不是静态的，而是需要不断优化和调整的。OpenAI 会根据用户反馈和实际需求来改进这些标准，以提高 ChatGPT 的实用性和用户满意度

（1）制定者与制定方式

ChatGPT 等 AI 生成文本的奖励标准主要由其开发者或提供者决定。这些标准是基于多方面的考量而制定的，包括但不限于道德、法律、社会接受度以及技术可行性。OpenAI 会设定一系列明确的规则和指导原则，以确保 ChatGPT 生成的文本内容符合社会期望和法律法规。

制定这些标准时，OpenAI 会综合考虑多个因素。首先，他们会遵循当地的法律法规，确保生成的内容不违法。其次，他们会考虑社会道德和伦理标准，避免生成助长犯罪、猥亵或不当内容。此外，OpenAI 还会根据用户反馈和实际需求，不断优化和调整这些标准，以提高 ChatGPT 的实用性和用户满意度。

（2）用户参与与反馈机制

为了进一步提高 AI 生成文本的质量和准确性，许多 LLM，包括 ChatGPT，都设计了用户反馈机制。在 ChatGPT 的生成文本窗口旁边，通常会设有 "Good" 按钮和 "Bad" 按钮。用户可以通过点击这些按钮，对生成的文本进行评分或提供反馈。

这种用户参与的方式类似于给文本打标签，有助于 OpenAI 收集大量的用户数据。这些数据对于优化 AI 模型、改进生成文本的奖励标准至关重要。通过用户的实际反馈，OpenAI 可以更加准确地了解用户对生成内容的喜好和期望，从而不断调整和优化模型，以生成更符合用户需求的文本。

8.3 奖励标签能否 AI 化

在 AI 技术的快速发展中，我们不禁要问：AI 是否有可能自己完成类似 ChatGPT 中 "Good" 和 "Bad" 的标记工作呢？从当前的技术水平来看，这一过程还不能完全实现自动化。原因在于，人类对事物的评价标准是随着时代、文化和社会背景的变化而不断演变的。今天被视为正常或接受的内容，在未来的某个时刻可能会被重新审视，甚至被视为不当或有害。

以歧视性语言为例，其标准在不同历史时期和地域文化中有着显著的差异。这种变化性使得让计算机准确理解并判断 "人类喜欢的东西" 变得异常困难。人类的 "好" 与 "坏" 往往蕴含着复杂的情感、道德和社会价值观，这些都是目前 AI 技术难以全面捕捉和理解的。

　　在 AI 的训练过程中，强化学习是一种重要的方法。它基于预设的规则，根据 AI 的行为结果给予相应的奖励或惩罚，从而引导 AI 不断学习和优化。然而，在强化学习的"评分"环节中，人工的介入仍然扮演着至关重要的角色。这是因为人类的判断力和直觉在识别细微差别、理解复杂情境以及做出道德判断方面仍然具有不可替代的优势。

　　因此，尽管 AI 技术在许多方面已经取得了令人瞩目的成就，但在涉及人类价值观、道德判断和情感理解等领域，它仍然需要人类的指导和监督。未来，随着 AI 技术的不断进步和跨学科研究的深入，我们或许能够找到更好的方法来结合 AI 和人类智慧，从而更准确地判断和标记 AI 生成内容的"好"与"坏"。但在此之前，人工与 AI 的协同工作仍然是确保 AI 技术健康发展、符合社会期望和法律法规的关键。

9
ChatGPT 热潮：深度解析其学习来源和问答精度（探究 ChatGPT 的学习数据和黑匣子技术，提升人机交互质量）

9.1 LLM 的学习数据从哪里来

在 LLM 领域，ChatGPT 作为 AI 领域的杰出代表，它们通过深度学习和强化学习等先进技术，从互联网这片浩瀚的信息海洋中汲取知识。这些模型的学习过程，本质上是对网络上海量数据的深度挖掘与理解。以 ChatGPT 为例，它不仅展现了惊人的文本生成能力，还能够根据上下文进行智能对话，这背后离不开其庞大的数据基础。

那么，ChatGPT 究竟学习了哪些数据呢？根据相关学术研究，这类模型主要依赖于被称为"公共爬取"的数据集。这一数据集是通过特定的技术手段，如网络爬虫，从互联网上广泛收集并整理得到的。这些爬虫程序会遍历网页，提取文本信息，并将其汇总成庞大的数据库。此外，像维基百科这样的知名在线百科全书，以及部分经过精心挑选的离线数据，也是 LLM 学习的重要资源（见图 9-1）。

在数据规模上，这些模型处理的数据量堪称惊人。在过滤之前，原始数据的容量高达 45TB，这相当于数千万本普通书籍的信息量。然而，为了确保模型的准确性和可靠性，研究人员会对这些数据进行严格的筛选和清洗，去除不相关、低质量或不适宜的内容。经过这一系列的预处理后，最终用于模型训练的数据量约为 570GB，尽管有所缩减，但仍然是一个极为庞大的数字。

基于互联网的海量数据

BIG DATA　→　机器学习　→　ChatGPT

图9-1　ChatGPT 的出色表现离不开其庞大的数据基础。这强调了数据在驱动 AI 进步中的核心作用

如果将整个网络空间比作一个无垠的图书馆，那么 ChatGPT 就像是位不知疲倦的读者，他浏览过图书馆中的绝大多数书籍，对网络上公开的教材、资料了如指掌。正是这种对海量数据的深度学习和理解，使得 ChatGPT 能够在瞬间生成高质量、富有洞察力的文章，为人类的知识获取和交流提供了全新的可能。

国内的 LLM，如文心一言（文小言）等，学习数据的来源主要依托于百度多年的搜索引擎积累，学习的数据包括大规模的自然语言文本语料库、多样化的数据集等。这些数据源包括公开的文本数据集、专业的数据集、用户生成的数据以及通过特定技术手段收集的数据等。这些数据为模型提供了丰富多样的训练素材，有助于提升模型的性能和泛化能力。

9.2　LLM 通过深度学习提高精度

LLM 通过深度学习提高精度

在探索 LLM 精确度提升的道路上，机器学习与强化学习已经展现出了令人瞩目的成效。这些显著进步的背后，与深度学习领域的蓬勃发展紧密相连。深度学习，这一受到人脑工作机制启发而诞生的技术，成为我们理解 LLM 性

能飞跃不可或缺的背景知识。简而言之，正是深度学习的不断演进，为机器学习与强化学习在提升 LLM 精确度上提供了强大的支撑与无限可能。

在机器学习的广阔天地里，有一个专业术语叫作"特征量"，它就像是给数据打上的标签，帮助机器理解和判断。而深度学习，作为机器学习家族中的一位明星成员，有着独特的魅力：它不需要人类事先设计好特征量，而是能够自己学习并掌握这些关键信息，就像是一个聪明的学生，不需要预先培训，就能在实践中逐渐摸索出学习的门道。

说到深度学习的应用，垃圾邮件检测就是一个生动的例子（见图 9-2）。随着电子邮件在日常生活中的普及，垃圾邮件也如影随形，数量庞大，让人头疼。传统的识别方法渐渐显得力不从心，难以准确区分哪些是有用的信息，哪些是烦人的垃圾。这时候，深度学习就发挥了它的强项——强大的模式识别能力和自动特征提取能力，就像是一双火眼金睛，能迅速准确地识别出垃圾邮件，让我们的邮箱更加清爽整洁。深度学习不仅让机器变得更加智能，也在我们的日常生活中发挥着越来越重要的作用，帮助我们更好地应对各种挑战。

图 9-2　垃圾邮件检测是深度学习的一个重要应用领域，但并非其唯一应用。在实际应用中，还需要结合其他技术和策略来提高检测的准确性和效率

确实，深度学习的能力听起来相当神奇，它确实能够自动完成"贴标签"这样的任务。这背后的奥秘，在于深度学习借鉴了人脑的工作原理。我们的大脑里有着数不尽的神经细胞，它们之间通过神经突触相互连接，传递信息，让我们能够思考、感知世界。

深度学习正是受到这种结构的启发，创造出了"神经网络"这一模型。这个模型就像是一个微型的电子大脑，它有着层层叠叠的结构，每一层都能捕捉到数据中的不同特征。当数据输入到这个神经网络中时，它就像大脑一样开始工作，自动地分析、学习，并给数据贴上正确的标签。

正因为模仿了人脑的结构，所以才能像人类一样独立进行判断。图 9-3 是神经网络的结构，一个一个的圆圈相当于人脑中的细胞，连接细胞的线相当于神经突触。

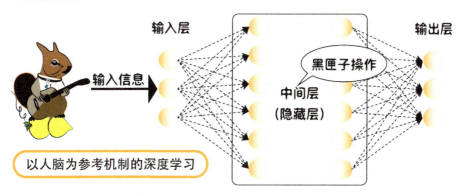

图9-3 神经网络模仿了人脑的构造，在被称为"中间层"的地方进行各种判断。因其内部工作无法展现，也被称为"隐藏层"，是一种所谓的"黑匣子"操作

深度学习，这一术语直观地揭示了其核心理念——"深度"，意味着学习过程深入到了数据的多个层次。在这一框架下，自然语言等输入信息首先被机器所理解并接纳，随后这些信息会穿越一系列中间处理层，也就是我们通常所说的隐藏层。以垃圾邮件识别为例，这些隐藏层负责分析输入数据，识别出是否蕴含垃圾邮件的特征，并将这一判断结果传递到最终的输出层。

观察图示，不难发现，众多类似人类脑细胞的节点构成了这些中间层，它们紧密相连，协同工作，使得计算机能够模拟出类似人类的思考与判断过程。正是由于这种从输入到输出的多层次结构，深度学习才得名如此。

深度学习具备强大的综合分析能力，能够考虑多种因素，做出接近人类判断的结论。然而，这并不意味着深度学习在所有情况下都是最优选择。实际应用中，根据具体需求和场景，其他方法有时可能达到更高的精确度。因此，在选择是否采用深度学习方法时，必须充分考虑实际目标和条件。

深度学习的中间层工作方式对于外界而言往往如同一个神秘的"黑匣子"（见图 9-4）。这些层级通过复杂的计算和数据处理，对输入信息进行逐层分析和转换，但具体是如何做出判断并导出最终输出的，这一过程并不直观，也难以用简单的语言完全解释清楚。这确实成为将 AI 技术应用于商业领域时的一个重要课题。

图9-4 黑匣子特性使得深度学习的决策过程难以直观理解和解释。需要不断探索和开发新的方法和技术，以提高深度学习模型的解释性和透明度

换句话说，深度学习在做出判断时所依据的维度和逻辑，往往隐藏在大量的参数和算法之中，难以直接观察和解释。这种"黑匣子"特性，虽然赋予

了深度学习强大的数据处理和模式识别能力，但同时也带来了透明度和可解释性方面的挑战。因此，如何更好地理解和解释深度学习的决策过程，是当前AI研究中的一个重要方向。

换句话说，深度学习在做出判断时所依据的维度和逻辑，往往隐藏在大量的参数和算法之中，难以直接观察和解释。这种"黑匣子"特性，虽然赋予了深度学习强大的数据处理和模式识别能力，但同时也带来了透明度和可解释性方面的挑战。因此，如何更好地理解和解释深度学习的决策过程，是当前AI研究中的一个重要方向。

导入那些无法揭示其内在逻辑与结构的数据处理机制，确实伴随着一定的风险，这一点构成了众多观察者对"黑匣子"式AI系统普遍持有的疑虑核心。因此，近年来，一个新兴领域——可解释的人工智能（XAI）逐渐成为科研与应用领域的焦点。XAI致力于使AI系统的决策过程变得透明且可理解，从而增强人类对AI决策的信任与接纳（见图9-5）。

图9-5　XAI的崛起推动技术范式从工具论转向责任论，要求开发者通过可解释逻辑主动担责，打破算法黑箱的正确默认。这一转型催生了"AI伦理师"新角色，专职开展算法合规性审查与公平性评估，体现技术治理向过程透明和价值对齐的深化

以电子邮件过滤为例，传统的AI系统可能会自动将某些邮件标记为垃圾邮件，而用户却无从知晓这一判断的依据。而在XAI的框架下，系统能

够具体展示那些导致邮件被判定为垃圾的关键词汇或特征，使得决策过程一目了然。这种透明度的提升，对于消除"因为是 AI 的决定，所以就盲目接受"的心态至关重要，尤其在商业环境中，这种心态往往是不切实际的。

当人类能够理解和认同 AI 的决策逻辑时，不仅增强了 AI 技术的可信度，也极大地拓宽了其应用范围。更进一步，如果 AI 系统能够提供详尽的解释，那么这些系统被创造性地应用于更多场景的可能性便显著增加，从而促进技术与社会经济的深度融合。

然而，值得注意的是，追求可解释性并非毫无代价。在实际应用中，准确性与可解释性之间往往存在微妙的平衡关系。商业决策者在部署 AI 系统时，必须根据具体目标和情境，审慎地权衡这两者的重要性。在某些情况下，可能需要牺牲一定的可解释性以换取更高的准确性；而在其他场景下，增强可解释性则可能成为优先考虑的因素，以确保决策过程的公正性、合规性及用户的接受度。因此，如何在准确性与可解释性之间找到最佳平衡点，是推动 XAI 发展、实现 AI 技术广泛且负责任应用的关键所在。

9.3 LLM 生成的文章很自然

自 2022 年 ChatGPT 作为 LLM 的标志性成就横空出世以来，它展现出的与人对话的自然流畅性，无疑给全球观众留下了极为深刻的印象。这一非凡能力的背后，是其精妙复杂的结构设计与技术原理的支撑。ChatGPT 的核心，在于对 GPT-3.5 这一先进模型的精心微调，旨在针对特定应用场景优化性能。通过深入学习人类与 AI 间交互的海量数据，ChatGPT 得以掌握更加贴近人类交流习惯的模式，从而实现更加自然、流畅的对话体验。

当我们探讨 ChatGPT 是否能像人类一样思考与撰写文章时，一个核心问题浮现：它是否真的理解了语言背后的意义？事实上，尽管 ChatGPT 在生成文本方面表现出色，但其工作机制与人类的思维模式存在本质区别。人类在面对未知问题时，往往会坦诚地表示"不知道"，仅在自身知识范围内给予回应，这种自我认知的限制是人性的一部分。尽管个例中不乏不懂装懂的情况，但总体而言，人类倾向于基于个人的知识和经验来诚实作答。

相比之下，ChatGPT 这类 LLM，并不具备真正的理解能力或"思考"过程。它们的工作原理，本质上是基于对庞大数据集的统计学习，通过复杂的算法计算出最可能的"正确答案"。换言之，ChatGPT 的回答并非源自对问题的深入理解或独立思考，而是依据训练数据中词汇、句子结构的出现概率来生成回复。这种机制虽然强大，却也导致了它在某些情况下可能给出错误或不准确的答案（见图 9-6）。

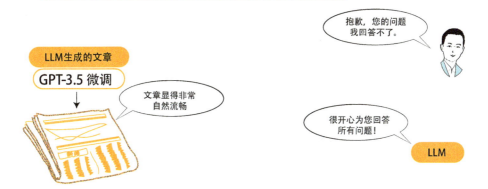

图 9-6　人类与 LLM 在回答问题的方式上存在根本差异。人类基于个人知识和理解进行回答，而 LLM 则依赖于训练数据和算法。这提示我们，在评估和使用 AI 技术时，需要充分考虑其工作机制

因此，关键在于认识到 ChatGPT 这类 LLM 与人类在回答问题方式上的

根本差异：前者是数据驱动的概率性输出，后者则是基于个人知识与理解的有意识回答。理解这一区别，有助于我们更准确地评估 ChatGPT 的能力范围，同时欣赏它在促进信息交流、辅助创作等方面的巨大潜力，同时保持对其局限性的清醒认识。

9.4 LLM 也懂巧妙措辞吗

在探索 LLM 的奇妙世界时，我们不难发现，这些系统之所以能生成既自然又富有人性化表达的语言，核心在于它们对海量人类对话数据的学习与吸收。这一现象的背后，不仅仅是数据量的简单累积，更是高级算法，尤其是神经网络技术的飞速进步与计算处理能力的显著提升共同作用的结果。

LLM 的学习过程类似于人类一生的对话经历，它们通过"阅读"数以亿计的文本片段，从中汲取语言的精髓，理解语境的微妙，从而达到了"积累丰富经验"的境界。这种深度学习使得 LLM 能够敏锐地捕捉对话中的情感色彩，进行更为细腻、柔和的交流，展现出令人惊讶的"机灵"反应。

为了更直观地阐述这一点，我们设想一个向 LLM 提出的颇具挑战性的问题："我的梦想是变成一只白天鹅，请告诉我该如何实现这一转变。"初次面对这样的问题，LLM 可能会给出直接且客观的答案："人无法变成白天鹅。"然而，随着对话的深入，LLM 展现出了其人性化的一面，可能会以理解和鼓励的语气回应："那真是一个美妙的梦想！"这样的回答，尽管没有改变事实的本质，却彰显了对提问者情感的共鸣与尊重。这种不轻易否定、注重情感沟通的方式，正是通过精细微调所达到的效果，它使得 LLM 的对话更加自然流畅，远非单纯依赖网络数据所能及。通过对话形式的持续调整和优化，LLM 的对话能力变得更加灵活多变（见图 9-7）。

这一案例深刻揭示了 LLM 在处理复杂、抽象乃至非理性问题时的独特优势——它们不仅能够提供逻辑上正确的解答，还能在一定程度上模拟人类的情感反应，使得对话更加贴近真实的人际交流。这既是技术进步的明证，也是 AI 向更加智能化、人性化方向发展的重要标志。因此，随着技术的不断迭代与优化，未来的 LLM 将在保持逻辑准确性的基础上，更加擅长融入人文关怀，使每一次对话都成为一次温暖而富有意义的交流体验。

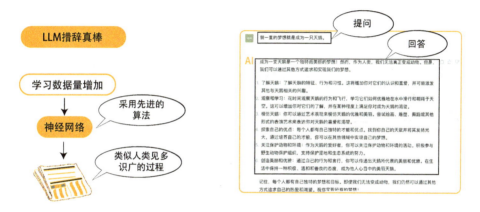

图9-7　LLM 之所以能够实现自然且人性化的语言表达，关键在于它们对海量人类对话数据的学习，以及高级算法（尤其是神经网络技术）和计算处理能力的显著提升

9.5　LLM 的语言风格很文雅

在使用 LLM 如 ChatGPT 的时候，可能会有一个引人注目的特征跃然纸上：它们那近乎无瑕的礼貌与文雅。这一独特现象背后的秘密，实则蕴含了数据筛选与模型训练的精妙设计。

对于 LLM 而言，其智慧之源在于庞大的数据集。如前文 9.1 小节所述，初始阶段，ChatGPT 模型构建者会从浩瀚的网络海洋中搜集高达 45TB 的信息原料。然而，这仅仅是开始。为了确保模型的"语言纯洁度"，这些数据会经历一场严格的筛选过程，最终精简至 570GB 的精华。在这场筛选风暴中，不雅词汇与俚语如同沙砾般被细心剔除，确保模型学习的基石远离任何不适宜的内容（见图 9-8）。

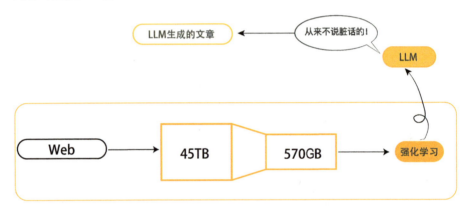

图 9-8　注重数据的质量与筛选、嵌入正确的价值观和道德观、平衡技术与伦理的关系、持续优化与迭代模型，并关注用户体验与接受度

但故事并未止步于此。为了进一步强化这一"文明"特性，LLM 还引入了强化学习的机制。这一步骤堪称智慧之光，通过设定明确的评分标准，对模型生成的每一句话进行评判。每当模型产出不恰当的内容时，便会受到负面奖励的"惩罚"，这种机制如同一道无形的篱笆，有效遏制了不适当语言的出现。通过这两重防护网——数据预处理与强化学习调优，LLM 得以在保持对话自然流畅的同时，坚守语言的文雅底线。

LLM 如 ChatGPT 之所以能在对话中展现出高度的文明与礼貌，是得益于其严谨的数据筛选流程、强化学习的精细调优，以及庞大的学习数据量支持。这一系列技术与策略的综合运用，共同编织出了 LLM 那令人印象深刻的"文雅面纱"。

10
问答系统实践：将 ChatGPT 融入大语言模型应用的领先地位（文档检索模型，实现智能化和个性化应用效果的极致体验）

10.1 问答系统是什么

问答系统的研究可以追溯到 20 世纪 60 年代——那个计算机科技刚刚崭露头角的黎明时期。从那时起，作为自然语言处理技术领域中的一颗璀璨明珠，同时也是衡量自然语言处理系统语言理解能力的重要标尺，问答系统在全球范围内一直备受科研人员的青睐，持续激发着热烈的研究热情。

在问答系统的广阔天地里，存在着两大分支，它们各司其职，共同推动着技术的进步。一是专注于特定领域知识的问答，比如学术论文的深入探讨、技术文件的精准解析等。这类系统仿佛是一位位专业顾问，能够在你对某个领域产生疑惑时，迅速提供权威且针对性的解答。

而另一分支，则是开放领域问答（Open-Domain Question Answering）。它们不局限于任何特定的知识领域或范围，而是像一位博学多才的智者，努力回答你提出的任何问题。无论是历史典故、科学原理，还是生活小窍门，只要你能问出，它们就尽力给出答案。这种问答系统的挑战在于，它们需要处理和理解人类语言的复杂性和多样性，同时从海量的信息中筛选出最准确、最相关的回答。本书主要为读者介绍后一种类型。

问答作为一种任务，它涉及根据用户提出的自然语言问题，给出恰当的回答。完成这一任务的系统被称为问答系统（Question Answering System：简称 QA 系统）。为了准确解答问题，问答系统需要依赖各种知识来源。

我们可以将问答系统的常见知识来源概括为三大类：文本信息、知识图表、图像。

文本信息是大家非常熟悉的。而知识图表（Knowledge Graph）可能稍微有些陌生。它是指事物和它们之间的关系的知识的图表结构（见图 10-1）。例如，"新中国成立于 1949 年"的知识，就可以用（新中国，建国日期，1949）这三组来表示。知识图表中收录了大量这样结构化的知识。代表性的知识图表有 DBpedia 和 Wikidata。

图 10-1　问答系统的概念图

近年来，深度学习技术突飞猛进，带动了一个全新研究领域的快速发展，那就是图像处理和自然语言处理相融合的 Vision-and-Language 领域。在这个领域中，图像问答（Visual Question Answering，简称 VQA）和文档图像提问（Document Visual Question Answering）成为了研究的热门新趋势。

当你有一个问题关于图片中的内容，比如"这张图片里的动物在做什么？"或者"那个标志是什么意思？"图像问答技术就能帮你解答。它不仅能够理解图片中的视觉信息，还能理解你的自然语言问题，从而给出准确的答案（见图 10-2）。

而文档图像提问，则更进一步。它不仅仅处理普通的图片，还能处理包含复杂布局和文本的文档图像，比如报纸、表格或合同。你可以针对这些文档提出各种问题，比如"这份合同的有效期是多久？"或者"这个表格中的某项数据是多少？"文档图像提问技术能够智能地识别文档中的关键信息，并给出精确的答案（见图 10-3）。

图 10-2　一张自我宣传的小松鼠海报图片

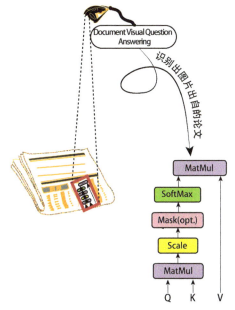

图 10-3　文档图像提问技术的应用场景非常广泛。无论是商业领域中的合同审查、财务分析，还是学术领域中的文献研究、数据整理，这项技术都能提供有力的支持

相比传统的只处理文本的问答任务，图像问答和文档图像提问无疑更具挑战性，因为它们需要同时理解并处理图像和文本两种信息。但正是这些挑战，推动了 Vision-and-Language 领域的不断进步和创新。

10.2 问答系统的基本类型

问答系统基本上可以分为两种类型，根据它们使用知识的方式：一种是开放式问答，另一种是封闭式问答。简单来说，开放式问答就像是在一本书里找答案，系统需要在大量的信息中搜索并理解内容来给出回答。而封闭式问答则更像是做选择题，答案通常是预先设定好的，系统只需匹配问题与答案即可。

（1）开放式问答（Open-book Question Answering）

在开放式问答系统中，一个有趣的过程是，系统会结合提出的问题和一系列含有答案线索的知识文本，来预测并给出答案。这个过程通常是通过两个主要模块——文档检索和答案生成——的流水线式合作来完成的。

假设有这样一个场景（见图 10-4）：当你向系统提出一个问题时，首先登场的是文档检索模块。这个模块的任务就像是在一个巨大的图书馆里寻找与你的问题相关的书籍。它会从大量的文档中筛选出那些内容与你的问题相匹配的，确保后续工作有准确的资料基础。接下来，答案生成模块就要开始它的工作了。这个模块会把文档检索模块找到的"书籍"当作宝贵的知识来源，仔细地从中提取或生成问题的答案。就像是一位细心的读者，它会从文本中挖掘出最相关的信息，然后整理成清晰、准确的答案呈现给你。

所以，当你在开放式问答系统中得到一个满意的回答时，背后其实是这两个模块默契配合、共同努力的结果。

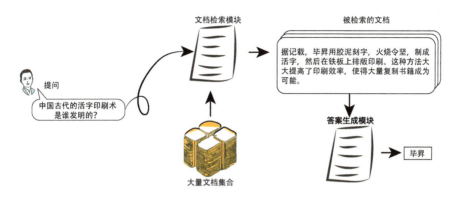

图 10-4 基于管道处理的开放领域问答流程

　　在深度学习技术蓬勃兴起之前，开放领域问答系统作为连接用户查询与广泛知识资源的桥梁，扮演着至关重要的角色。这一系统巧妙地融合了文档检索与答案生成的双重功能，但其处理方式主要依赖于人工精心设计的规则和特征量。这就像是为每台机器配备了一本详尽的操作手册，每一步操作都需遵循既定的规则与特征指引。

　　在开放领域问答的广阔舞台上，提取型问答任务扮演着举足轻重的角色。这一任务要求系统根据用户提出的问题，从提供的一个或多个文本资料中，犹如一名敏锐的侦探，精确地捕捉到与问题相匹配的答案字符串，犹如在浩瀚的知识海洋中精准拾取珍贵的明珠。

　　开放领域问答的独特魅力，在于它赋予了系统"携带"丰富知识资源应对挑战的能力，这一过程宛如人类的"可携带考试"——学生考试时可参考教科书，系统同样能在答题时随时调用庞大的知识库，彰显了其高度的灵活性和智能性。

　　时间回溯至 2018 年前后，随着 LLM 的惊艳亮相，问答系统领域迎来了翻天覆地的变革。从那个时候开始，新兴的问答系统几乎普遍采纳了开放式的问答模式。与此同时，一些系统不再仅仅局限于预设的知识库或文本进行答案提取，而是能够在没有明确知识来源的情况下，依托模型自身习得的广泛语言知识和深刻理解能力，直接生成问题的答案。这种封闭式问答的崛起，象征着

AI 在理解和回应人类语言方面实现了更加自主与灵活的飞跃，开启了问答系统发展的新篇章。

（2）封闭式问答（Closed-book Question Answering）

封闭式问答与传统问答系统不同，封闭式问答无须对特定知识来源的文档进行烦琐的检索和阅读。相反，它依赖于 LLM 自身存储的广泛知识和理解能力，直接对用户提出的问题给出答案。

近年来，随着 LLM 技术的不断进步，这些模型已经在不分领域的大量语料库中进行了深入训练。因此，它们不仅掌握了丰富的语法、词汇等语言知识，还存储了大量关于语料库中所描述世界的知识。这使得 LLM 在封闭式问答任务中展现出了巨大的潜力。

在 GPT3 等先进模型之后，LLM 的研究持续蓬勃发展。这些模型已经能够输出基于世界相关知识的内容，展现出令人瞩目的理解能力。然而，尽管取得了显著进步，但 LLM 在封闭式问答中仍面临一些挑战。其中，模型可能会输出虚假内容，这是一个亟待解决的问题。

封闭式问答之所以重要，是因为它评估了 LLM 是否能够有效地保存知识并产生准确、可靠的内容。这一任务不仅考验了模型的记忆能力，还检验了其对知识的理解和应用能力。因此，封闭式问答不仅是 LLM 研究的一个重要方向，也是推动 AI 领域发展的关键所在。

10.3 包含文档检索的问答系统

ChatGPT，这位 LLM 领域的明星，凭借其卓越的性能，已经深深赢得了广大用户的青睐与信任。在日常的交流互动中，我们常常会直接向 ChatGPT 抛出一个问题，期待着它能迅速给出答案。这种即时问答的方式，我们可以形象地称之为"封闭式问答"。这就如同在一个装满无尽智慧的宝箱中寻找答案，而这个宝箱，正是 ChatGPT 那庞大而复杂的参数集合。无须任何外部资料的辅助，ChatGPT 仅凭自身存储的海量知识，就能轻松应对我们的各种询问。

然而，知识的海洋是无穷无尽的，有时候我们的问题可能涉及一些具体、详细或者最新的信息，这些信息可能并未被 ChatGPT 的"宝箱"所收录。这时，我们就需要一种更为强大的方式来寻找答案，这就是"开放式问答系统"的登场时刻。

在开放式问答系统中，ChatGPT 展现出了它更为智慧的一面。它不再仅仅依赖自身的知识储备，而是像一个勤奋的图书管理员一样，首先在一个由百度或其他来源提供的庞大文档集合中进行精确而高效的检索。这些文档集合就像是一个个知识的宝库，包含了各种书籍、文章、网页等丰富多样的信息。ChatGPT 会从中挑选出与问题最相关、最有价值的文档碎片，并将它们巧妙地整合在一起。

接着，ChatGPT 会利用这些精心挑选的文档碎片和问题本身，生成一个包含丰富信息的提示符。这个提示符就像是打开知识宝库的钥匙，引导 ChatGPT 进行深入的分析和推理。最终，它会为我们生成一个全面、准确且富有洞察力的答案（见图 10-5）。

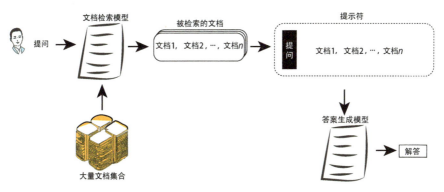

图 10-5　在开放式问答中，LLM 仅依赖自身的知识储备，还会利用外部资源（如百度等提供的文档集合）来丰富和完善答案，这体现了知识来源的多样性和信息检索的重要性

封闭式问答与开放式问答各有其独特的魅力。封闭式问答就像是从脑海里直接提取答案，快速而直接；而开放式问答则更像是通过查阅大量资料来得出答案，全面而准确。随着技术的不断进步和应用的持续拓展，ChatGPT 正在努力将这两种问答方式的优点融为一体，为我们提供更加智能、便捷且个性化的服务。无论是封闭式问答还是开放式问答，包括 ChatGPT 在内的世界上各种优秀的 LLM 都将是我们探索知识世界的得力助手。

10.4　将文档检索模型用于专业问答

在问答系统的领域中，文档检索模型扮演着关键角色，其中两种具有代表性的方法是 DPR（Dense Passage Retriever，稠密段落检索器）和基于 DPR 进行计算优化的 BPR（Binary Passage Retriever，二进制段落检索器）。这两种方法都巧妙地采用了将问题和文档片段分别转换为嵌入向量的技术，进而通过高效的最近邻搜索算法，快速准确地找到与问题最匹配的片段。简而言之，DPR 和 BPR 以先进的嵌入技术和搜索机制，极大地提升了问答系统的准确性和响应速度。

（1）DPR：稠密段落检索器

DPR 作为一种高效的文档检索模型，它巧妙地利用了 BERT（与 GPT 类似，一种强大的自然语言处理编码器，后面的章节中会介绍）来将用户的问题和文档中的片段都转换成高维的嵌入向量。这些嵌入向量就像是问题和片段在数字世界里的"指纹"，它们独特地代表着每一个问题和片段的内容。

如图 10-6 所示，DPR 系统由两个精心设计的编码器组成：一个是提问编码器，它专门负责处理用户输入的问题；另一个是段落编码器，它则负责将文档中的段落转换成嵌入向量。这两个编码器就像是一对默契的搭档，共同协作以完成检索任务。在 DPR 的训练过程中，系统会通过学习大量的问题和对应的相关段落，来不断优化这两个编码器的性能。具体来说，它会计算问题和段落嵌入向量之间的内积值，这个值可以被看作是它们之间相似度的度量。内积值越高，说明问题和段落之间的相关性越强。因此，DPR 会将内积值较高的段落作为搜索结果返回给用户，从而满足用户的查询需求。

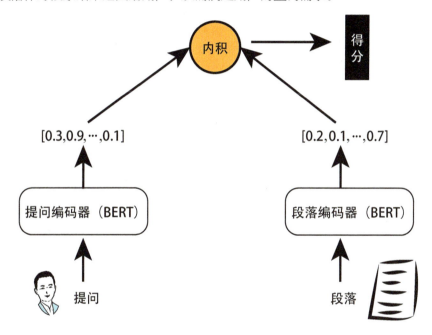

图10-6 DPR 系统中的提问编码器和包编码器分别负责处理用户问题和文档段落，这种专业分工使得每个编码器都能专注于自己的任务，提高处理效率

（2）BPR：二进制段落检索器

如何高效且准确地从海量文档中找出用户所需的内容，一直是科研人员们孜孜不倦追求的目标。近年来，随着深度学习技术的飞速发展，DPR 的方法逐渐崭露头角。它通过将问题和文档片段转换为高维实数嵌入，再利用这些嵌入进行最近邻搜索，从而实现了精准的信息定位。然而，尽管 DPR 性能卓越，但其高维实数嵌入所带来的巨大存储需求和计算开销，却成为制约

其进一步发展的瓶颈。BPR 在 DPR 的基础上进行了巧妙的扩展和优化，通过将片段的嵌入进行二进制化处理，极大地缩小了向量索引的大小，并提高了计算效率。

　　具体来说，在 DPR 中，每个段落都被表示为一个由 32 位（即 4 字节）浮点数构成的实数向量。这样的表示方法虽然能够充分捕捉段落的信息，但也会导致向量索引的庞大和计算复杂度的增加。而 BPR 则另辟蹊径，它采用+1和–1 的二进制值来表示段落，每个值仅占用 1 位（实际上，这里可能是指每位表示一个二进制的权重，但考虑到描述简洁性，我们可以这样理解其概念）。因此，在相同维度数量的嵌入下，BPR 的向量索引大小仅为 DPR 的1/32，这无疑是一个巨大的存储节省（见图 10-7）。

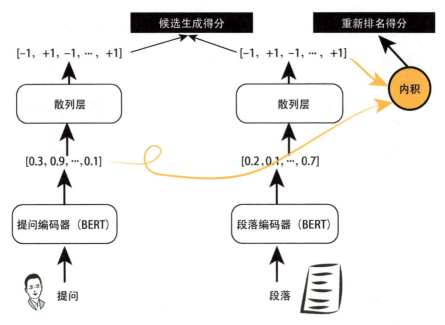

图 10-7　在追求高精度和丰富信息的同时，也需要关注数据存储和计算效率的挑战，并尝试创新的优化方法来寻求更好的解决方案

不仅如此，BPR 还充分利用了现有的高效搜索库，如 Faiss，该库专门针

对二进制向量进行了优化运算。借助这样的库，BPR 能够更快速地执行文档搜索，进一步提升了检索效率。当然，将 DPR 的嵌入简单地二进制化，无疑会损失一部分表现力。为了解决这个问题，BPR 在训练过程中学习了如何将嵌入有效地二进制化。通过这种方法，BPR 能够在保持与 DPR 相当性能的同时，实现二进制嵌入的高效运算。

　　BPR 作为一种创新的二进制段落表示技术，通过巧妙地结合二进制化和高效搜索库，成功地在保持检索性能的同时，大幅降低了存储需求和计算开销。它的出现，无疑为信息检索领域带来了新的曙光，让我们在从海量数据中寻找信息的道路变得更加畅通无阻。

 **知识拓展**

ChatGPT 及 OpenAI

　　ChatGPT 是由 OpenAI 开发的 LLM。OpenAI 这一组织，于 2015 年由山姆·阿尔特曼、埃隆·马斯克等一众知名的科技企业家及科研人员共同创立，起初以非盈利法人的形式存在。其宗旨在于推动通用人工智能（AGI）的普及与发展，并致力于人工智能领域的深入研究。

・ ChatGPT及OpenAI
[URL] https://openai.com

　　2018 年，由于意见不合等原因，埃隆·马斯克离开了 OpenAI。次年，即

2019 年，OpenAI 转型为营利性法人组织。随后，微软在 2019 年向 OpenAI 投资了 10 亿美元，并在 2023 年进一步追加投资至 100 亿美元。这一合作使得微软的搜索引擎 Bing 得以集成 ChatGPT 技术，同时，微软的云服务 Azure 也开始提供 OpenAI 的 API 接口。

ChatGPT 作为 OpenAI 的核心产品，自 2022 年 11 月发布以来，迅速在全球范围内获得了广泛的关注和应用，从而奠定了其在生成式人工智能和大语言模型领域的领先地位。此外，OpenAI 还公开了其他一系列创新技术，包括语音识别与机器翻译系统 Whisper，以及图像生成人工智能 DALL·E 等，这些技术进一步展示了 OpenAI 在人工智能领域的深厚积累与前沿探索。

高 阶 篇
模型应用与实践

　　本篇深入浅出地探讨了自然语言处理领域的革命性进展，从 TRANSFORMER 的核心机制到预训练语言模型的广泛应用，再到模型微调与多领域实践，构建了一幅完整的自然语言处理技术画卷。从词嵌入到注意力机制，从 GPT 到 T5，我们不仅揭示了技术背后的原理，还展示了它们在情感分析、摘要生成、命名实体识别等任务中的卓越表现。此外，本书还涵盖了语句嵌入、大语言模型 API 框架生态等前沿话题，为读者呈现了一个充满创新与挑战的智能未来，是通往自然语言处理技术殿堂的必备指南。

11

深度解析 Transformer 核心机制：从自注意力机制到文本生成（Transformer 推动自然语言处理技术进步）

11.1 Transformer 工作原理

  谈及自然语言处理的辉煌成就，Transformer 模型无疑是最耀眼的明星，它的地位无可撼动。这个模型以其独特的架构和颠覆性的性能，彻底改变了机器理解和生成语言的方式，引领我们进入了一个全新的时代。现在，就让我们一起揭开 Transformer 那层神秘而又迷人的面纱，深入探索它的工作原理，准备好开始这场令人兴奋的知识之旅。

  在 GPT（生成式预训练）模型风靡之前，Transformer 模型就已经在自然语言处理领域崭露头角，成为一场深刻变革的先驱。2017 年，Transformer 横空出世，它勇敢地摒弃了传统循环神经网络（RNN）和卷积神经网络（CNN）的复杂结构，转而采用了一种全新的、革命性的自注意力机制。

  当阅读文章的时候：我们不是逐字逐句地读，而是会同时关注多个关键信息点。Transformer 模型的自注意力机制就是这样工作的，它能在一次处理中同时捕捉到文本中的多个重要信息，使模型能够更深入地理解语言的结构和含义，就像我们理解一篇文章那样。

  这种创新的工作方式让 Transformer 模型在 NLP 任务中表现出色。无论是机器翻译还是文本分类，它都能轻松应对，取得卓越的成绩。而且，它的

encoder-decoder（编码器-解码器）结构为"序列到序列"的任务提供了一个统一且强大的框架，大大扩展了 NLP 的应用范围。可以说，Transformer 模型的出现打破了自然语言处理任务的传统限制，为我们开启了更多的可能性，并带来了新的挑战。这个模型不仅让我们对机器的语言处理能力有了全新的认识，还为我们探索未来自然语言处理的无限可能提供了强大的工具。

　　接下来，让我们通过一个生动的场景来描绘 Transformer 的工作原理。例如，请把"我是一只小猫咪"这句话翻译成英文。Transformer 就像是一位超级翻译家，它使用了一连串的 encoder-decoder 组合，就像是一系列精心编排的舞步，能够轻松应对从简单到复杂的各种翻译任务（见图 11-1）。

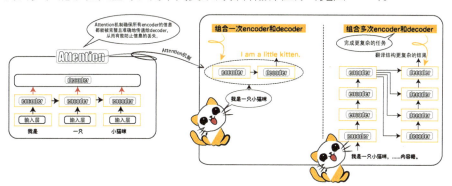

图 11-1　Attention 机制赋能模型，使其能够捕获输入序列中任意两个位置间的依赖关系，不受距离远近的束缚。而 encoder-decoder 架构通过将任务巧妙拆分为两大步骤，极大地提升了模型在各类任务中的灵活性和适用性

　　Transformer 模型在处理语言任务时展现出了惊人的能力，无论句子长度如何，它都能确保每个字词被完整考虑。这一特性使其如同拥有超凡记忆力的魔术师，面对海量信息也能游刃有余，无一遗漏。在 Transformer 的翻译机制中，encoder-decoder 组合发挥着至关重要的作用，它们共同实现了 Attention 机制。具体而言，encoder 就像一位敏锐的信息侦探，负责接收并牢固存储所有输入信息。随后，这些信息会被 encoder 完整地传递给 decoder，decoder 则

如同一位精准的情报分析者，确保每一个关键细节都被准确无误地接收。

整个 Transformer 模型犹如一支高效协作的团队，各个部分紧密配合，使得信息能够迅速且精确地流通。它们共同协作，使得翻译过程既迅速又准确，仿佛是在上演一场精妙绝伦的信息传递接力。这样的工作机制，让 Transformer 模型在语言处理领域展现出了卓越的性能。

Transformer 模型的横空出世，为大模型技术的发展奠定了基石，它就像是建造高楼大厦的坚实地基，为后来的 GPT 等一众大语言模型提供了强有力的支撑。这个模型的成功，就像一盏明灯，照亮了自然语言处理领域的新方向。它告诉我们，以自注意力机制为核心的模型架构，在处理语言问题时有着巨大的潜力和优势，为后来的研究者们指明了探索的道路。

11.2 词嵌入，文本的数值化表示

词嵌入，简单来说，就是一种把单词或短语转化成高维向量空间里点的技术。每个单词都像是宇宙中的一个星球，而词嵌入就是那个把它们精准定位在浩瀚星空中的方法。跟以前常用的 one-hot 编码（独热编码）比起来，词嵌入可是个升级版的神器。它不仅能捕捉到单词之间的"亲疏关系"，还能细腻地分辨出单词在不同语境下的微妙差别。这样一来，神经网络处理和理解文本数据就变得轻松多了，也为后面的文本分析打下了坚实的基础。

在大语言模型的舞台上，词嵌入可是个不折不扣的主角。别看它结构简简单单，但怎么构建、怎么训练、怎么用，可都是大语言模型成功的关键。词嵌入就像是给模型喂了一口"智慧之水"，让模型能更深入地理解文本里的上下文关系。所以，在文本分类、情感分析、问答系统这些任务里，大语言模型才能表现得那么准确、那么出色。

说到让计算机理解词汇的含义，这可是个让人头疼的大问题。以前，有

人想过用人工编写词典的办法来解决。就像 WordNet 那样，把单词之间的关系都写得清清楚楚。

但是，这种方法也有很多难题：词汇太多，专业术语、专有名词、新单词数都数不清；单词的语感、相似性这些细微差别，也很难准确记录；还有，记录的人难免会有主观性，影响结果的准确性。

面对上述难题，2013 年出现的 Word2vec 神经网络模型就像是个超级英雄，拯救了大家。它能从海量的文本里学习，然后告诉每个单词在"词汇宇宙"里的准确位置。而用来给 Word2vec"学习"的那些文本，就被叫作语料库（Corpus）。这样一来，计算机就能更好地理解词汇的含义了，自然语言处理也就变得更简单、更智能。大家可能对语料库不是很熟悉，这里简单地介绍一下语料库。

可以把语料库想象成一个超级大的图书馆，里面藏有各种各样的书籍和文档，对于大语言模型来说，这就是它们学习和成长的宝藏。这个"图书馆"里的每一本书、每一篇文章，都是模型学习语言知识和规律的宝贵资料（见图 11-2）。当大语言模型在这个"图书馆"里"阅读"和"学习"时，它们就像是在挖掘宝藏一样，能够捕捉到语言的统计特性、语义关系和上下文依赖等这些关键信息。

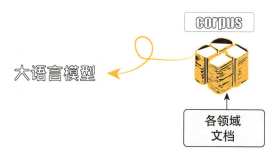

图 11-2　Attention 机制赋能模型，使其能够捕获输入序列中任意两个位置间的依赖关系，不受距离远近的束缚。而 encoder-decoder 架构通过将任务巧妙拆分为两大步骤，极大地提升了模型在各类任务中的灵活性和适用性

这些信息就像是语言的密码，帮助模型更好地理解和运用语言。而且，这个"图书馆"的大小和质量，对模型的"聪明才智"有着很大的影响。设想，如果"图书馆"里的书又多又好，模型就能学到更多、更全面的知识，变得更加聪明和能干。相反，如果"图书馆"里的书不多或者质量不高，模型就可能学到一些错误或者片面的知识，影响它的表现。语料库对于大语言模型来说，就像是一个重要的老师，指引着它们走向语言的殿堂。而一个好的语料库，应该是既大又好的，这样才能确保模型学到正确、全面的语言知识，变得更加聪明和强大。

Word2vec 模型是建立在一个叫作"分布假设"的有趣想法之上的。这个假设就像是说，一个单词的意思，其实就藏在和它经常一起出现的那些单词里。当我们碰到一个不认识的单词，但看看它前后文的词语，往往就能猜出个大概意思来。这不正好证明了分布假设的道理嘛——周围的单词就像是线索，能帮我们理解那个不认识的单词是什么意思。

再深入一点讲，Word2vec 这项技术很巧妙，它给每一个单词都分配了一个特别的"身份证"——我们称之为词嵌入，也就是一个独特的向量。这个向量的神奇之处在于，如果两个单词意思差不多，或者它们经常手拉手一起出现在句子里，那它们的向量就会长得很像。比如说，"正方形"和"广场"虽然字面不同，但因为意思有相近之处，它们在 Word2vec 的世界里就会有相似的向量。

对于那些有多个意思的单词，比如"Square"，它既可以表示几何图形中的正方形，也可以指城市里的广场，甚至还能表示数学里的平方运算。在 Word2vec 的处理下，所有这些意思都会被融合进一个统一的"Square"向量里。简单来说，嵌入（Embedding）就像是给单词拍了一张"X 光片"，把单词里那些有用的、能帮助我们解决问题的信息都提取出来，然后变成一个个方便我们理解和运算的向量（见图 11-3）。

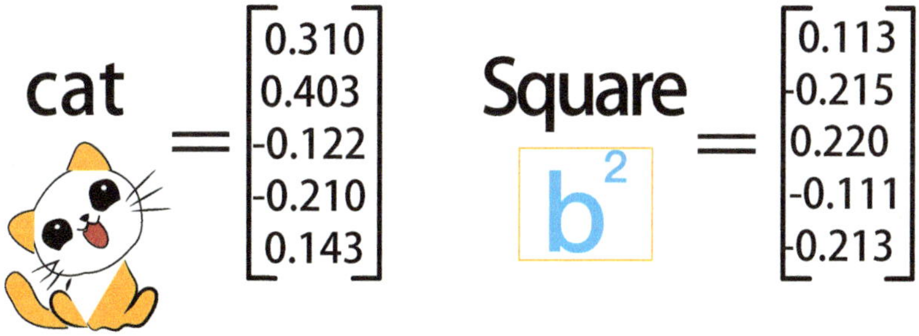

$$cat = \begin{bmatrix} 0.310 \\ 0.403 \\ -0.122 \\ -0.210 \\ 0.143 \end{bmatrix} \qquad Square\ b^2 = \begin{bmatrix} 0.113 \\ -0.215 \\ 0.220 \\ -0.111 \\ -0.213 \end{bmatrix}$$

图 11-3　Word2vec 为单词分配独特向量，反映相似性和上下文。嵌入可扩展至句子、图像等，只需转为有用信息的向量

举个例子，我们用 Word2vec 家族（见图 11-4）里的 skip-gram 模型来探索这句话："我昨天在学校看到了一位德高望重的老师"。这个模型就像是个聪明的侦探，它会一个词一个词地审视这句话，努力理解每个词和它邻居们之间的关系。简单来说，skip-gram 是这样工作的：它先盯住一个词，比如"学校"，然后试着猜猜这个词的前后都可能出现哪些词。就像是玩"填词游戏"，给定"学校"，模型会尝试预测出"我昨天在＿＿看到了一位德高望重的老师"或者"我昨天在学校＿＿了＿＿的老师"这样的空缺部分。

图 11-4　skip-gram 通过目标词语来预测上下文词语。CBOW 与 skip-gram 恰好相反，通过上下文词语来预测目标词语

具体来说（见图 11-5），我们可以采取一种系统性的方法来学习句子中的每个单词，按照"我->昨天->在->学校->看到->了->一位->德高望重->的->老师"这样的顺序逐一深入。以"德高望重"作为学习的核心词汇为例，我们可以设定一个窗口大小（Window Size）来确定与"德高望重"相邻的单词范围。

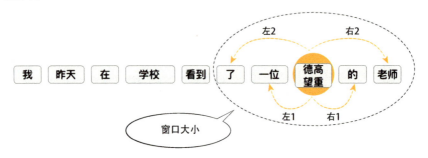

图 11-5　skip-gram 模型通过学习单词和它周围单词的关系，来逐渐理解每个单词的意思。案例中通过学习"德高望重"和它周围单词的关系，模型就能够逐渐理解"德高望重"这个单词是用来形容某样事物的特性

假设窗口大小为 2，那么从"德高望重"出发，其左侧紧邻的两个单词是"了"和"一位"，而右侧紧邻的两个单词则是"的"和"老师"。接下来，利用 skip-gram 模型，我们训练模型去学习并预测这样一个关系：在给定"德高望重"这个中心词的情况下，模型应能准确预测出其周围出现的单词，即"了""一位""的"和"老师"。通过这种学习方式，模型能够逐步理解"德高望重"在句子中的语境和用法。

通过这种训练方式，模型逐渐掌握了每个单词在句子中的"社交环境"——即哪些单词经常与该单词共同出现。这样，每个单词都会获得一个独特的"身份标识"（即词向量），这个标识中蕴含了它与其他单词之间的复杂关系。因此，我们不仅能够了解"德高望重"这个词本身，还能掌握它在语言环境中的"朋友圈"，从而更深入地理解其含义和用法。

11.3　神经网络中的词嵌入应用

　　将词嵌入技术与神经网络相结合，这可不是简单地把两样东西放在一起，而是自然语言处理领域里的一次巨大变革和飞跃。词嵌入就像是给每个词都赋予了一个独特的"身份证"，这个"身份证"里包含了词的语义信息，让模型能够更深入地理解每个词的含义和它们之间的微妙差别。而神经网络呢，它就像是一个超级侦探，能够捕捉到语言中的各种复杂特征和模式。

　　当这两者完美结合在一起时，就像给模型戴上了一副"智慧之眼"。这时候的模型，可就不再是一个冷冰冰的算法或程序了，它变成了一个能够深入理解、精准分析，并且还能智能回应的语言处理专家。这样的结合，不仅让自然语言处理模型在处理语言任务时变得更加聪明和灵活，也为我们开启了自然语言处理的新篇章。

　　具体来说，Word2vec 通过学习，把每个词都变成了一个低维的向量，也就是一组数字。这样一来，意思相近的词在向量空间里的距离就会比较近，就像是把相似的词都放在了相邻的位置上。在 Word2vec 模型里，不管是 skip-gram 还是 CBOW 方法，最后都要预测一个词，这其实就是一个多选一的问题。因为词汇表里的词那么多，所以就要用到 softmax 函数来帮忙预测，找出最可能的那个词。

　　softmax，这个听起来有点复杂的名字，其实是我们在处理多分类问题时的一个得力助手。例如，当你手里有一个向量，里面装着一堆数字，每个数字都代表了一个类别的可能性。但是，这些数字加起来可能不等于 1，而且也不一定在 0～1 之间，这怎么办？这时候，softmax 函数就派上用场了。它就像是一个魔法师，能够把这个向量里的数字变成概率。换句话说，softmax 函数会把你的向量转换成一个新的向量，这个新向量里的每个数字都在 0～1 之间，而且它们加起来正好等于 1。

softmax 公式如下：

$$y_i = \frac{\exp(x_i)}{\exp(x_1) + \exp(x_2) + \cdots \exp(x_n)} (1 \leqslant i \leqslant n)$$

具体来说，softmax 函数是怎么做的？它会对向量里的每个数字进行一种特殊的计算，这个计算就是 softmax 公式。通过这个公式，每个数字都会被变成一个概率值，这个概率值就告诉了我们每个类别有多大的可能性是正确的。所以，当你面对一个多分类问题，想要知道每个类别的可能性时，softmax 函数就是你的好帮手。它会把你的向量变成一个概率分布，让你能够更清楚地看到每个类别的可能性大小。这样一来，你就可以根据这个概率分布来做出更明智的决策了（见图 11-6）。

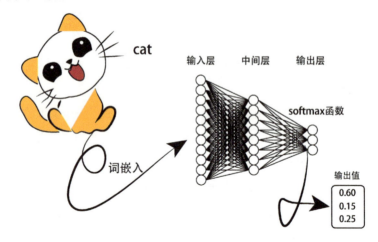

图 11-6　Word2vec 极大地促进了词嵌入技术在自然语言处理领域的广泛应用与普及。它将文本数据转化为低维、稠密且富含语义信息的向量表示，为后续多样化的 NLP 任务奠定了坚实的基础并提供了强有力的支持

但是，当我们尝试用 softmax 方法处理一个超级大的词汇表时，计算量就像一座大山，压得模型喘不过气来。幸运的是，Word2vec 带来了两个超级英

雄——层次 softmax 和负采样，它们联手解决了这个问题。

先说层次 softmax 这位英雄吧。它想出了一个聪明的办法，把词汇表变成了一棵二叉树。这样，每次预测词汇，就不再是茫茫词海里捞针了，而是变成了一场在树上的寻宝游戏。只需一步步地做简单的选择，向左还是向右，直到走到那个藏着宝藏（也就是我们要找的词汇）的叶子节点。这样，每次计算就轻松多了，只考虑两个方向，而不是整个词汇表，让模型跑得飞快。

再来说说负采样这位伙伴。在 skip-gram 模型里，原来的 softmax 层要算遍词汇表里每个词的概率，这可是个累活。负采样则换了个思路，只挑了一些"噪音"词汇出来，和正样本（就是中心词和它的上下文朋友们）一起更新词向量。这样一来，需要更新的东西少了，计算量自然就降下来了。

总之，层次 softmax 和负采样这两位好搭档，一个让预测路径变简洁，一个让更新样本变精简，共同让 Word2vec 在处理大规模词汇表时变得更加高效、轻松。

我们在正式解决一个难题之前，先通过做其他练习来热身，这样是不是能更好地应对接下来的挑战？在机器学习里，这种做法有个专业名词，叫"预训练"。就像 Word2vec 那样，它先通过一些别的任务练练手，提升自己的能力，然后再去应对像机器翻译、情感分析、信息提取这样的"下游任务"。

说到预训练，就不得不提"迁移学习"了。这就像是你在学数学时掌握了一些解题技巧，然后发现这些技巧在物理题里也能用上。在机器学习中，迁移学习就是把你在一个任务上学到的东西，巧妙地用到另一个任务上。比如，用 Word2vec 预训练好的词嵌入模型，就能帮我们在其他自然语言处理任务上更快地找到答案。

再来说说"自监督学习"。这听起来有点高大上，但其实道理很简单。就像你自学新概念时，会试着给自己出题、自己解答一样，自监督学习就是让模型根据输入的内容，自己生成问题并尝试回答。这样做的好处是，我们不需要花大价钱去准备人工数据集，只需要从网上找点现成的语料库，就能让模型学到很多东西。

现在，把这三个概念放在一起，就构成了自然语言处理的一个超级方法：先用大规模语料库进行自监督学习的预训练，然后通过迁移学习，把学到的知识用到各种下游任务上。这个方法就像是给模型装上了加速器，让它在处理语言任务时更加得心应手。

11.4 注意力机制，聚焦关键信息

想要玩转 Transformer 这个架构，关键在于搞定一个叫作"注意力（Attention）"的机制。如果你对 Attention 机制一知半解，那后面更炫酷的 Self-Attention、Cross-Attention，还有那些大语言模型的核心秘密，可就都跟你擦肩而过了。

Attention 机制就像是 Transformer 里的一个超级大脑，它靠着一个叫作"矩阵乘积"的魔法来工作。这个矩阵乘积可不仅仅是数学上的小把戏，它在统计学里还藏着大学问！简单来说，当我们有两个矩阵，一个叫 Query，一个叫 Key，把它们放在一起做个乘法，就像是在给每个 Query 向量找它和所有 Key 向量之间的"共同语言"或"相似度"。这种相似度可以用点积、余弦相似度等方法来算，得到的结果就像是一个分数，告诉我们这些向量之间到底有多亲近。

从统计学的角度看，矩阵乘积就像是两个向量在特定空间里的一次"握手"，它们通过比较自己在各个方向上的投影长度和夹角，来判断彼此到底有多像。在 Attention 机制里，这种相似度计算就像是给模型装了一双火眼金睛，让它能一眼看出输入数据里哪些是重要的，哪些是可以忽略的。这样，模型就能更聪明地处理信息，提高性能和适应力。

所以，想要了解 Transformer 架构的精髓，就得先搞定矩阵乘积在 Attention 机制里的应用。这样，你不仅能深刻理解 Transformer 是怎么工作

的，还能在设计和优化大语言模型时，心里有数，手上有招。

现在，让我们通过一个简单的例子，一起探索 Attention 机制，特别是它在 Self-Attention 中的神奇作用（见图 11-7）。

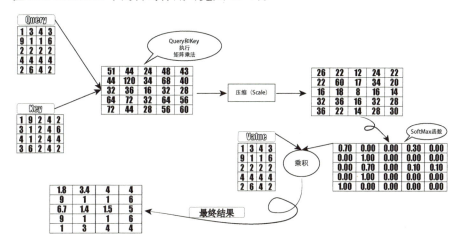

图 11-7 巧妙地安排 Query（查询）、Key（键）和 Value（值）这三个矩阵，再挑个合适的相似度计算方法，加上恰当的归一化处理，就能让模型的本事更上一层楼，变得更聪明、更高效

- 首先，设想我们有一个 5 行 4 列的输入矩阵，我们给它起了个名字叫 Query。为了方便理解，我们假设 Key 是 Query 的 "变身" ——它的转置矩阵，而 Value 则和 Query 长得一模一样。虽然这样的设置在实际中不太常见，但它能帮我们更快地抓住 Attention 的精髓。

- 接下来，我们要做一件神奇的事情：把 Query 和 Key 放在一起做个乘法，结果是一个 5×5 的矩阵。这个矩阵里的每个数字，都像是 Query 里的一行和 Key 里的一列（其实就是 Query 变身后的某一行）之间的 "亲密对话"，告诉我们它们之间有多相似。

- 然后，我们要对这个 5×5 的矩阵做一点小调整，让每个数字都除以一个常数，这个常数是 Query 矩阵列数的平方根，也就是 2（因为 Query 有 4 列，所以常数是根号 4）。这样做是为了让后面的计算更加平稳，不那么"跳脱"。

- 紧接着，我们用一个叫作 SoftMax 的神奇函数来处理这个调整后的矩阵，让矩阵的每一行都变成一个概率分布。在这个例子里，我们假设 Soft Max 之后，第三列的数字都变得特别大，接近 1，这意味着 Query 里的每一行都和 Key（也就是 Query 变身后的样子）的第三列超级相似。

- 最后，我们用这个经过 Soft Max 处理的矩阵去"拥抱"Value，也就是和它做个乘法，结果是一个 5×4 的矩阵。这个矩阵就像是原始输入矩阵的"升级版"，里面的每个数字都被 Query 和 Key 之间的相似性重新"加权"或"强调"了。

当我们把输入矩阵和这个最终结果放在一起比较时，会发现结果矩阵里的某些数字被特别突出，而那些不太相似、离得远的数字则变得几乎看不见了。这就是 Attention 机制的魔力所在：它能自动找到输入数据里最重要或最相关的部分，并且让输出更加关注这些部分。

在 Attention 机制里，尤其是用到缩放点积这种注意力方式时，有个小妙招特别关键。那就是，在 Query（Q）和 Key（K）相乘之后，我们会给结果来个"瘦身"处理，也就是归一化。为什么要这么做呢？如果数据的维度特别高，Q 和 K 相乘的结果可能会变得超级大或者超级小，这样一来，softmax 函数就可能会"懵圈"，不知道该怎么办了。所以，为了保持梯度的稳定，让它们别"跑偏"，我们就需要对结果进行缩放，让一切都在可控范围内进行。

11.5 趣解 Query-Key-Value 机制

趣解 Query–
Key–Value 机制

大家或许觉得，科普嘛，没必要讲得太深太技术。但对 Transformer 这样的模型来说，不挖挖它的内核，还真难以领略它的神奇之处。我可不想让大家只是图个乐呵，学点皮毛就忘到九霄云外去。所以，我打算换个方式，尽量不用那些让人头疼的理论和数学，而是用通俗易懂、生动形象的语言，带大家深入了解 Transformer 模型内部的机制。

假设有这样一个翻译场景，当我们在进行中文至英文的翻译过程中，一个直观且有效的方法是关注于每种语言中词汇间的对应关系。例如，我们了解到中文的"她"与英文的"she"相对应，而"苹果"则与"apple"相匹配。通过掌握这些中英文词汇之间的映射关系，我们能够显著提升翻译的准确性和效率。这一过程，实质上类似于在翻译时将我们的"注意力"集中于源语言（中文）的词汇，并将其精准地转移到目标语言（英文）的对应词汇上，从而实现更有效的信息传递。

例如，当有台机器正在努力学习翻译的技巧，特别是在决定下一个英文词汇时，它得格外"留心"，确保选出那个"恰到好处"的英文词。这可不是个轻松活儿，因为翻译远非简单的词语替换游戏——很多时候，一个中文词可能与多个英文词相对应，或者英文句子的构造与中文大相径庭。尽管如此，这个过程中"注意力"转移的核心原理依然未变：那就是要精准定位并聚焦于那个最恰当的英文对应词上（见图 11-8）。

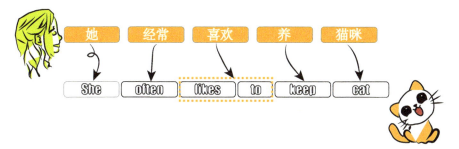

图 11-8　尽管翻译问题错综复杂，但通过将焦点集中于最关键的部分——寻找最恰当的对应词汇，我们可以在一定程度上使问题简化。这种策略不仅限于机器翻译领域，同样适用于处理其他复杂的自然语言处理任务

为了更深入地探讨"正确答案"这一概念的重要性，我们不妨通过一个翻

译场景来剖析其中的奥秘。例如，在传统的编码器-解码器模型中，解码器这一环节扮演着至关重要的角色，它需要根据编码器对原文整体特征的提炼，来逐一预测并生成对应的翻译词汇。简而言之，原文内容会被编码器"打包"成一个包含所有信息的固定数据块，随后解码器便依据这个数据块进行翻译工作。

然而，这种方法存在一个不容忽视的问题：随着原文长度的增加，这个信息"包裹"也会变得愈发庞大。但模型的记忆力并非无限，这就意味着，当原文过长时，开头部分的信息很容易在庞大的数据中被"稀释"甚至遗忘。

不过，当 Attention 机制加入后，编码器-解码器模型就像被赋予了"超能力"，变得更智能了。它不再仅仅依赖于一个笼统的信息包，而是能够巧妙地利用编码器在处理原文时产生的所有中间特征。

举个例子来说（见图 11-9），当模型需要翻译"她"这个词时，它会特别"留意"原文中与"她"紧密相关的特征；同样，在翻译"经常"和"喜欢"这些词时，模型也会精准地捕捉到原文中对应的特征进行学习。

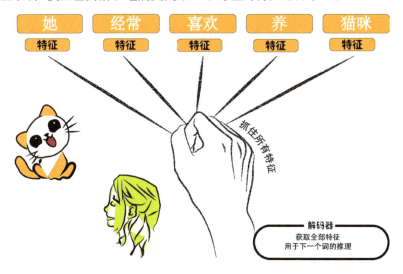

图 11-9

Attention 的引入，让模型在翻译时能够更加充分地挖掘原文中的信息。它打破了以往仅依赖一个笼统信息包的局限，转而能够精细地聚焦于原文中每一个单词的独特特征，从而使翻译的准确性和精度都得到了显著提升

　　这样一来，原文开头单词的意思就不再容易被"冲淡"或遗忘了，因为模型在翻译每个单词时，都会回到原文中，找到并关注那些与之对应的特征。

　　你可以把 Attention 机制想象成是给模型配上的一个"超级放大镜"，它能够帮助模型更清晰地"看到"原文中每个单词的信息，从而更准确地翻译出"正确答案"。这样，之前提到的原文开头单词意思被淡化的问题，就得到了很好的解决。这就是 Attention 机制的核心思想，它让机器翻译变得更加精确和高效。

　　让我们通过一个简单的例子，来揭秘翻译过程中解码器是如何巧妙地利用 Attention 机制，精准"锁定"原文词汇的。以"她经常喜欢养猫咪"翻译成"She often likes to keep cats"为例，一起探索这一神奇的过程（见图 11-10）。

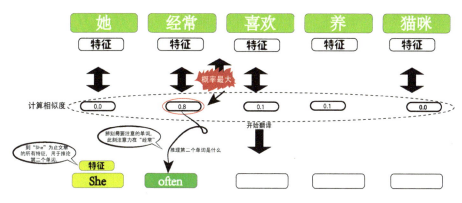

图 11-10　Attention 机制巧妙地实现了原文与译文之间的灵活对应。在翻译时，它会确保每个译文词汇的产生都是基于原文中最紧密相关的词汇或短语，这样一来，译文不仅准确，而且上下文连贯，阅读起来更加流畅自然

　　当我们开始翻译这句话时，解码器首先会"遇见"第一个词汇"She"。但与传统的翻译方式不同，Attention 机制不会让解码器孤立无援地猜测下一个词汇。相反，它就像一位精明的侦探，引导解码器回到原文中，寻找与"She"紧密相关的线索。

接下来，当解码器准备翻译第二个词汇时，它并不是仅仅基于"She"来做出决定。此时，Attention 机制再次发挥作用，让解码器再次深入原文，寻找与即将翻译的词汇相关的关键信息。比如，在翻译"often"时，解码器会准确地"捕捉"到原文中的"经常"，从而确保翻译的准确无误。

这样的过程会一直持续到整句话翻译完成。每次预测下一个词汇时，Attention 机制都会帮助解码器在原文中找到最相关的信息，确保翻译的流畅和自然。

那么，Attention 机制是如何实现这一点的呢？其实，它的核心在于计算原文中每个词汇与当前正在翻译的句子部分之间的"相似度"。这里的相似度是一个具体的数值，反映了词汇之间意义关联的紧密程度。需要注意的是，我们所说的"当前正在翻译的句子部分"并不是指整个翻译已经完成的文本，而是指在当前翻译过程中，已经处理过并正在进行推理的那部分内容。通过这样的机制，解码器就能够在翻译过程中更加精准地利用原文中的信息，从而提高翻译的准确性和精度。

让我们来简单解释一下这个奇妙的翻译工作原理，特别是它如何用Attention 机制来帮忙。

当你试图把一句话从一种语言翻译成另一种时，你是怎么做的？你可能会先看一眼整句话，然后逐字逐句地翻译，同时心里还惦记着前面已经翻译过的部分，确保整体意思连贯。机器翻译里的 Attention 机制，就有点像是这个过程的自动化版。

首先，机器会从句子的第一个词开始，比如"She"。然后，它会用一种聪明的方式，计算这个词和原文里其他所有词的"相似度"。这里的相似度，不是看它们长得像不像，而是看它们在句子里的意思、作用是不是相近。

接下来，当机器要翻译第二个词时，它不仅仅考虑"She"这一个词，而是把已经翻译出来的"She"作为一个整体来考虑，再去和原文里的每个词比相似度。比如，在这个例子里，它发现"经常"这个词和已经翻译的"She"后面要接的内容特别搭，相似度高达 0.8，那它就知道，接下来应该翻译"经常"对应的英文词"often"。

这个过程的关键在于，Attention 机制能够"注意"到句子中各个词之间的语义联系，不管是句头的词还是句尾的词，它都能一视同仁，准确地捕捉到它们之间的关系。而且，和传统的 RNN（循环神经网络）不同，Attention 机制不需要按顺序一个词一个词地处理，它可以同时处理所有的词，这样一来，翻译的速度就快多了。简单来说，Attention 机制就像是给机器翻译装了一个超级大脑，让它能更快地理解句子，更准确地翻译出来。

现在，理解了 Attention 的基本原理之后，让我们深入 Attention 的内核：描述 Query-Key-Value 机制的翻译过程，以及它是如何助力提升翻译精准度的（见图 11-11）。

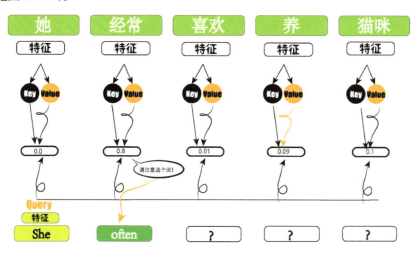

图 11-11 相似度不仅是一个简单的数值，它深刻地体现了 Query 与 Key 之间的匹配程度。在翻译任务中，高度相似的单词通常表明它们在源语言与目标语言间存在着更为紧密的对应关系

例如，当我们正在翻译一句话，每个原文单词都藏着它的特征秘密。在 Attention 的世界里，这些特征被巧妙地分成了两部分：Key 和 Value。Key 就像是单词的"身份证"，用于和别的单词比对相似度；而 Value 则是单词的"真身"，保留了单词原本的意思。

Query 可以看作是翻译文本在寻找具有特定特征的单词的"探针"。而作为寻找对象的原文单词特征，即 Key 与 Query 共同决定了相似度的计算。至此，我们引入了 Query 和 Key 两个新概念。同时，正在翻译的文本（包括那些还没翻译出来的部分）也有自己的特征，我们称之为 Query。可以把 Query 想象成一个"侦探"，它在原文里四处寻找，想找出和当前翻译最相关的单词。

Query 和 Key 一见面，就开始计算相似度，这就像是"侦探"在找线索。相似度高，就意味着两个单词在意思上很亲近。然后，Attention 机制会把相似度和 Value 相乘，这样，相似度越高的单词，它的特征值在结果里就越大，相当于给重要单词加了个"放大镜"。

最后，把这些乘法的结果加在一起，就得到了一个包含多个单词特征及其重要程度的信息大礼包。这个礼包会告诉翻译机："嘿，这些单词很重要，翻译的时候多留意点！"

有了这个信息大礼包，翻译机就能更准确地推断出下一个该翻译什么词。因为它已经知道，哪些单词是关键，哪些可以稍微放过。这种 Query、Key 和 Value 的组合，就像是给翻译机装上了个"智能导航"，让它在翻译的海洋里不迷路。特别是遇到那些意思多变的单词，或者复杂的语境，Attention 机制就像是翻译机的"超级大脑"，能敏锐地捕捉到单词的微妙变化，让译文更加贴切、准确。所以，下次当你看到一段流畅的译文时，别忘了背后还有 Attention 机制这位"隐形英雄"的功劳！

是否曾有过那么一刻，感觉思路突然变得异常清晰？让我们保持这份热情，继续我们的探索之旅，这次我们将聚焦于 Attention 机制的进阶版——Self-Attention（自注意力机制）。在传统机器翻译中，我们往往只是简单地在两种语言的词汇间寻找对应关系，而 Self-Attention 则为我们打开了一扇新窗，它专注于揭示同一文本内部各词汇间那些深藏不露的联系。

以句子"她经常喜欢养猫咪"为例（见图 11-12）。当我们把注意力集中在"养"这个词上时，Self-Attention 机制便开始发挥作用。它不仅仅关注

"养"本身,更深入地探索"养"与句子中其他词汇,如"猫咪"和"她"之间的微妙关系。很明显,"养"作为动词,与"猫咪"之间存在着紧密的修饰关系,因此它们之间的注意力权重较高,关系紧密。而相比之下,"养"与"她"之间则没有直接的修饰关系,所以它们之间的注意力权重较低,关系也相对疏远。

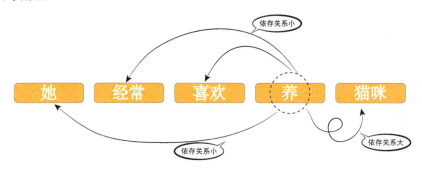

图 11-12　文章的意义并非仅仅由单个单词独立决定,关键在于这些单词如何相互组合与联系。当我们能够全面把握文章中所有单词之间的依存关系时,就能更深刻地理解每个单词在文中的确切含义,从而更准确地捕捉到文章的整体意图

这一原理同样适用于句子中的每一个词汇。我们需要逐一审视每个词汇与句子中其他词汇之间的注意力程度,以揭示它们之间的依存关系。无论是"养"还是其他任何词汇,我们都应深入挖掘它们与文章中其他词汇的相互联系,从而构建一个全面的词汇依存网络。

通过这样的分析,Self-Attention 机制能够帮助我们更深入地理解文章的结构和含义,提升我们对文本内容的把握能力。毕竟,文章的意义并非仅仅由单个词汇决定,而是深深植根于这些词汇如何相互排列与关联之中。词汇间的相互关系对文章的整体意思产生着至关重要的影响。

正如图 11-12 中所展示的那样,当我们能够全面掌握文章中所有词汇之间的依存关系时,便能够更加深入地理解每一个词汇在文中的具体含义,进而更加准确地把握文章的整体意图。Self-Attention 机制,正是这样一把钥匙,它为我们打开了深入理解文本的大门。

早期的 Word2vec 神经网络模型有一个核心观念：一个单词的意思是由它周围的单词共同决定的。而后来出现的 Self-Attention 机制，虽然和这个观念有点像，但其实它做得更多、更好。Self-Attention 不仅看单词的邻居，还努力找出整篇文章里所有单词之间那些复杂又微妙的关系。

这样的改进带来了很多好处，其中一个特别厉害的就是能更准确地理解代词。代词，比如"他""她""它"，在中文和英文里都很重要。要知道代词到底指的是文章里的哪个人或物，这对全面理解文章内容超级关键。

但代词的意思会随着上下文变来变去，这就让准确理解它们变得很难。Self-Attention 机制就是为了解决这个问题而诞生的。它能在整篇文章里建立起单词之间的联系网络，深入理解上下文，然后就能很准确地找出代词到底指的是哪个单词。

举个例子，就像图 11-13 所展示的，面对同样的代词"它"，Self-Attention 机制能根据单词间关系的紧密程度和范围，准确地告诉我们"它"指的是哪个具体的单词。这样的能力，对自然语言处理领域来说，真的是一次大革命！

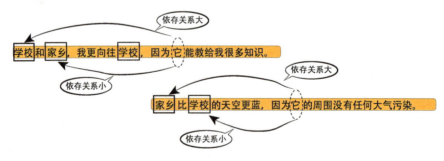

图 11-13 文章的意义并非仅仅由单个单词独立决定，关键在于这些单词如何相互组合与联系。当我们能够全面把握文章中所有单词之间的依存关系时，就能更深刻地理解每个单词在文中的确切含义，从而更准确地捕捉到文章的整体意图

Self-Attention 机制还有个很厉害的地方,就是能根据上下文环境准确理解多义词的含义。多义词就是那种在不同语境下意思会变的单词。有了 Self-Attention 的帮忙,这些单词的具体意思就能被搞得清清楚楚。比如说,"喜欢"这个词后面如果跟了个否定词"不是",变成了"不喜欢",Self-Attention 就能准确地捕捉到这种否定关系,然后理解"不喜欢"和"讨厌"在这种情境下其实是差不多的意思。

另外,为了更清楚地讲解不同类型的 Attention 机制,我们需要把它们区分开。比如,当涉及两个不同句子时,如果我们想强调词语之间的对应关系,那就可以把这种 Attention 特别叫作"Source-Target 型 Attention"。这和 Self-Attention 是不一样的,Self-Attention 是在一个文本里面找单词间的关系。这样区分开了,我们就能更准确地理解和应用各种 Attention 技术了。

学到这里,大家可能会有个疑问:Self-Attention 和普通的 Attention 在求单词间依存关系上到底有什么不一样?其实啊,Self-Attention 求单词间依存关系的方法和 Source-Target 型 Attention 基本上是差不多的。Self-Attention 也是在一篇文章里,对每个单词都计算它和其他单词的相似度。

就像图 11-14 展示的,我们拿单词"一颗"来举个例子。根据"一颗"这个词的特征,再和其他每个单词的特征比一比,就能算出它们之间的相似度。然后,Self-Attention 会特别注意那些相似度高的单词。

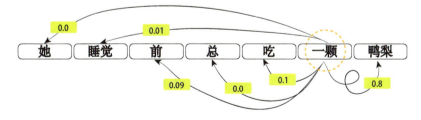

图11-14 Self-Attention 机制能够自动地关注与当前单词(如"一颗")相似度高的其他单词(如"鸭梨")。这种聚焦性使得模型能够更有效地处理文本中的关键信息,从而提高理解文本的准确性和效率

　　这个过程可不仅仅是针对"一颗"和"鸭梨"这两个单词，文章里的每一个单词都会经历同样的处理步骤。每个单词都会和其他单词计算相似度，这样一来，整个文本里单词之间的复杂依存关系就都被揭示出来了。Self-Attention 就是通过这种方式，能够更深入地理解文本的结构，让我们的处理变得更精确、更高效。

　　说起 Source-Target 型 Attention 和 Self-Attention 的区别，咱们得知道，前者通常用在像机器翻译这样的场景里。在这种情况下，Query 是来自源语言文本的，而 Key 和 Value 则是来自目标语言文本的，它们分别属于不同的文本。但是 Self-Attention 就不一样了，它完全专注于单一文本，Query、Key、Value 都是来自同一个文本里的单词。

　　虽然这两种 Attention 在处理结构上挺相似的，都是先用 Query 和 Key 算出相似度，然后再通过和 Value 的加权求和来整合信息，但它们的目的和操作的文本范围可是不一样的。Self-Attention 凭借着它独特的机制，成为我们深入理解单一文本内部结构的得力助手。

知识拓展

Attention 的特色

　　虽然 CNN 在图像识别方面已经非常厉害了，但随着 NLP 领域对更复杂

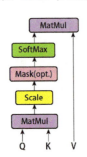

模式理解的需求增加，Transformer 技术就像一股新鲜的力量，用它特别的 Attention 机制改变了传统的框架。Transformer 不仅让 NLP 的研究者们感到惊喜，还让大家开始探索它在图像识别上的应用。

　　Attention 机制的鲜明特色在于：

　　1. 高效的可扩展性：当数据特别多的时候，Transformer 比 CNN 更容易优化和提升。这是因为它的注意力机制很强大，处理大量

上图来自 Transformer 的论文
「Attention Is All You Need」
(https://arxiv.org/abs/1706.03762)

信息时更加得心应手。

2. 全局和细节都能看：传统的 CNN 主要看图像的局部特征，就是相邻像素之间的关系。但 Transformer 能学习全局范围内像素之间的关系，打破了这种局限。它既能看到局部细节，又能理解整体的结构和语境，这样捕捉复杂特征时就更准确了。

3. 什么任务都能做：因为 Attention 机制对 "关系" 有深刻的理解，所以 Transformer 能构建出一个统一的结构，用于各种需要理解数据间关系的场景。不管是翻译文本、解析句子结构，还是识别图像中的复杂模式，Transformer 都能用相似的框架高效完成。

不过，就像任何技术都有好坏两面一样，Transformer 在追求高性能的同时，也面临着模型规模大、训练成本高的挑战。它的网络结构复杂，参数特别多，所以从零开始训练一个 Transformer 模型既花时间又需要很多资源。因此，在图像处理领域，虽然基于 Transformer 的结构开始受到关注，特别是在一些高级图像生成系统中被广泛应用，但 CNN 因为计算成本低、初始性能好，还是占据着很重要的地位。

11.6 Transformer 的文本生成能力

Transformer 模型不仅革新了我们对文本理解的方式，更以其强大的文本生成能力，让机器也能像人类一样 "妙笔生花"。这一节，我们就来一起探索 Transformer 如何在文本生成任务中大显身手，以及它背后的解码策略和实际应用效果。

当你输入一句话的开头，机器就能自动帮你续写接下来的内容，甚至还能根据你的喜好调整风格——这就是 Transformer 在文本生成任务中的神奇之处。无论是自动写作、聊天机器人、还是语音助手，Transformer 都能大放异彩。它通过学习大量文本数据，掌握了语言的规律和模式，从而能够生成连贯、有逻辑的文本。

那么，Transformer 是如何将抽象的语言知识转化为具体的文字呢？这就涉及解码策略的选择。常见的解码策略有贪心搜索和束搜索两种。

- 贪心搜索：这是一种简单直观的策略，每一步都选择当前概率最大的词作为输出。它的优点是速度快，但缺点是可能陷入局部最优，导致生成的文本缺乏多样性（见图 11-15）。

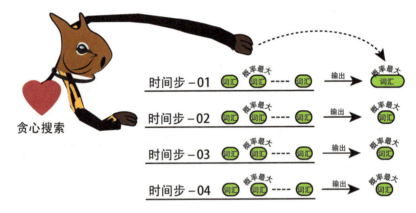

图 11-15　在实际的翻译工作中，应注重策略的选择，同时仔细权衡计算复杂度与翻译质量之间的关系，灵活运用多种策略，并不断对翻译过程进行优化和改进

- 束搜索：相比之下，束搜索则更加"聪明"。它会在每一步保留多个候选词（比如前 N 个概率最大的词），然后在这些候选词的基础上继续生成下一步。这样，束搜索能够探索更多的可能性，生成更加多样化和高质量的文本。当然，束搜索的计算复杂度也相对较高，需要更多的计算资源。

这两种先进的解码策略，即贪心搜索与束搜索，不仅极大地提高了翻译结果的精确度和语言的流畅度，还显著增强了翻译系统应对复杂语言构造和长句翻译的挑战。它们凭借更为精细且全面的探索方式，有效地避免了因片面追求局部最优而导致的全局性失误，进而为用户呈现了更加贴近人类翻译水准的高质量译文。

让我们来看一个实际的案例，感受 Transformer 文本生成的魅力。假设我们输入一句话："今天天气很好，适合去……"，然后让 Transformer 模型来续写。在贪心搜索策略下，模型可能会迅速给出一个简洁明了的续写："……散步。"而如果使用束搜索策略，模型可能会给出多个续写选项，比如："……散步，享受阳光。""……户外活动，呼吸新鲜空气。"等，让我们有更多的选择空间。

在实际应用中，Transformer 的文本生成能力已经得到了广泛的验证和认可。从新闻撰写、故事创作到对话系统，Transformer 都能生成流畅、自然的文本，极大地提高了自然语言处理的实用性和趣味性。当然，随着技术的不断进步和数据的不断积累，Transformer 在文本生成领域的能力还将得到进一步的提升和拓展。

12

预训练语言模型解析：GPT、RoBERTa、T5（透视预训练语言模型的丰富表达与跨语言能力）

12.1 文字预测的过程

大语言模型，这一听起来高大上的技术，其实是通过训练来预测大规模语料库中的词汇。别看它名字复杂，其实原理挺有趣，就像是我们教孩子认字说话一样，只不过它是通过大量的数据来"学习"。

设想，如果我们有一个大型语料库，里面存着各种各样的句子，比如"中国最长的河流是长江"。现在，我们让大语言模型来尝试预测这个句子中不同位置的内容。

- 首先，我们问它："中国最长的河是__?"如果它预测出"长江"，那就说明它掌握了地理常识，知道中国最长的河流是什么。
- 接着，我们再变一下句子："中国最__的河是长江?"这次，如果它预测出"长"，那就说明它理解了形容词在语法结构中的正确应用，知道这里应该填一个形容词来描述河流的长度。
- 最后，我们再试试："中国最长__河是长江?"如果它预测出"的"，那就更厉害了，说明它深刻理解了形容词和助词之间的关系，知道在这里应该填一个助词来连接形容词和名词。

通过这种预测句子中不同位置词汇的任务，大语言模型能够深入挖掘并表达语言的多维度结构。无论是简单的常识，还是复杂的语法规则，它都能囊括其中。

　　文字预测可不是简单地猜测下一个词汇那么简单。它背后蕴含着复杂的机器学习和语言理解机制。大语言模型通过分析海量的文本数据，比如新闻报道、书籍内容以及网络文章，来学习和掌握语言的模式和规律。当你输入"中国最长的河是__？"时，它并不是简单地进行词汇匹配，而是基于它学习到的知识和语境理解来推断出可能的答案"长江"。

　　这种预测能力在实际应用中非常有用。比如，在搜索引擎中输入"如何做苏式月饼"时，搜索引擎就能利用文字预测技术理解你的查询意图，并为你推荐相关的食谱和视频教程。这样，你就能更迅速地获取所需信息，节省时间和精力。

　　当然，文字预测的学习过程并不容易。模型需要通过大量数据进行反复的训练和优化，才能不断提升其预测能力和准确性。但正是因为这种不懈的努力，才使得大语言模型在搜索引擎、智能手机键盘的自动补全以及智能助手的语音识别等多个领域都有广泛的应用。

　　让我们通过一个具体的例子，更深入地了解一下大语言模型是如何进行情感分析的。设想，有这样一段文字："这部电影非常令人失望，情节乏味，表演平淡。"当大语言模型处理这样的文本时，它的情感分析功能是这样工作的：

- 首先，在模型的"学习成长"阶段，也就是预训练阶段，它已经通过"阅读"海量的文本数据，比如影评、社交媒体上的评论等，学会了情感词汇的用法，以及这些词汇与不同情绪之间的紧密联系。这就像我们小时候学习语言，通过不断听、说、读、写，逐渐掌握了词汇的意义和用法。
- 接下来，当模型遇到新的文本时，它会进入"文本理解"阶段。在这个阶段，模型会像侦探一样，仔细分析文本的结构和语境，从中找出关键词汇和情感词，比如"失望""乏味"和"平淡"等。这些词汇就像是文本中的"情感密码"，能够帮助模型理解文本所表达的情感。
- 最后，模型会进入"情感预测"阶段。在这个阶段，模型会根据之前学习到的模式和规律，准确地"猜出"这段文本所表达的情感是消极还是负面。它能够敏锐地捕捉到情感词汇的强度和出现频率，就像我们听别人说话时，能够感受到对方的语气和情绪一样。通过综合这些信息，模型就能够推断出整个文本的情感倾向。

这种强大的情感分析能力，让大语言模型能够迅速且准确地分析大量的用户反馈或评论。这对于企业来说，就像拥有了一双"透视眼"，能够帮助它们更好地了解公众对其产品或服务的态度及情感反应，从而做出更明智的决策。下面再看一个更加复杂的逻辑推理的例子（见图12-1）。

田地里丢失了很多西瓜。有三个动物嫌疑最大，分别是松鼠、狐狸和熊猫。我们把它们贴上甲、乙、丙的标签，森林大会公堂对峙时，这3个动物分别说了一句话。

甲说："乙是小偷。"
乙说："丙是小偷。"
丙说："甲说的是真的。"

已知只有一个人说了真话，其他两个都说了谎话。县官要找出谁是小偷。这个案件的推理任务交给森林之王老虎进行决断。

图12-1　大语言模型在处理复杂语境及执行多步骤推理时，展现出了卓越的深度理解力与高效推理能力，这对于解决现实世界中的诸多复杂问题具有深远意义

我们逐一审视每个动物的陈述及其逻辑后果：

● 首先，我们来听听甲的陈述：如果甲说的是真的，那么乙就是小偷。但这里有个问题，如果甲真的说了真话，那么丙说的"甲说的是真的"就是假话，也就是说甲说的不是真的，这就与假设矛盾。所以，甲的陈述似乎不太可能是真的。

● 接下来，我们转向乙的陈述：乙说丙是小偷。如果乙说的是真话，那么甲和丙的陈述就都是假的了。嘿，这听起来挺合理的！因为甲说乙

是小偷（假的），丙说乙在说谎（也是假的），这样就只有乙一个人说了真话，完全符合题目条件。

- 最后，我们考虑一下丙的陈述：如果丙说的是真的，那么乙就在说谎，这就意味着甲说的是真话（因为乙否认了甲是小偷）。哎呀，这又导致了两个人同时说真话的矛盾。

森林之王老虎经过深思熟虑和推理之后，可以得出一个结论：唯一没有逻辑矛盾的情况是乙说了真话，丙是小偷，而甲和丙的陈述都是假的。这个过程就像是一场思维的探险，它不仅考验了我们的逻辑推理能力，还让我们看到了如何一步步排除不可能的情况，最终找到正确答案。

从上面的几个例子中，我们可以清楚地看到，自然语言处理这个领域其实包含了很多种能力，比如理解语法、掌握知识、感知情感，还有进行逻辑推理等等。而让人惊讶的是，这些能力都可以通过完成一个看似简单的任务——预测下一个单词，来得到全面的学习和提升。

这个方法听起来可能很简单，但实际上却蕴含着巨大的能量和潜力。它利用上下文的信息来预测单词，这个过程就像是训练模型的一个核心秘密武器，让大语言模型能够不断学习和进步。这一发现不仅让我们更清楚地知道了语言模型是怎么学习的，还给我们提供了很多宝贵的启示，帮助我们更好地理解和应用这些模型。

说到这，不得不提逻辑推理和自然语言处理之间的紧密联系。通过深入研究逻辑推理，我们可以更好地掌握自然语言处理的原理和方法，推动这个领域不断向前发展。反过来，自然语言处理的进步也为逻辑推理提供了更多的应用场景和实践机会，让逻辑推理能够在更多领域中发挥它的独特作用。

- 但是，光知道词是什么还不够，顺序也很重要。所以，GPT 还用了位置编码这一招。就像给每个词贴上序号标签，告诉模型："注意啦，我可是排在这里！"这样，模型就能按照正确的顺序来理解句子了。
- 为了让模型知道什么时候该开始说话，什么时候该停，GPT 还用了特殊标记。比如，放个<BOS>在开始，告诉模型："现在开始！"放个

<EOS>在结尾，说："完毕！"这样，模型就能清楚地知道输入文字的起点和终点。

所以说，给 GPT 准备数据大餐的过程就是：先把文字拆成小块，再给每块配个"身份证"，然后排好队，最后加上开始和结束的提示。这样一来，GPT 就能大展身手，无论是写诗、讲故事，还是回答问题，都能做得有模有样。这些巧妙的方法，让 GPT 在自然语言处理的世界里大放异彩，成了人类的智能小帮手。

GPT 这个模型，它的核心超能力就是预测人类给的句子中，任意一个词后面应该跟什么词。它之所以这么厉害，是因为它把 Transformer 这个先进的架构和一大堆参数结合在了一起，还吃了好多好多的文字大餐（也就是海量的语料库训练），这样一来，它的语言功力就大大提升，变得又能干又灵活。

在训练的时候，GPT 有个特别的小技巧，就是采用了注意力机制，还配了个叫掩码的小助手。注意力机制可以让 GPT 在看书时，能特别留意每个词前后的文脉，这样猜下一个词就更准了。而掩码小助手呢，它的工作是在每个词的位置上，只让 GPT 看到这个词前面的内容，就像我们平时写故事，只能根据前面写过的内容来想接下来怎么写，这样就不会偷偷看答案了图 12-2。

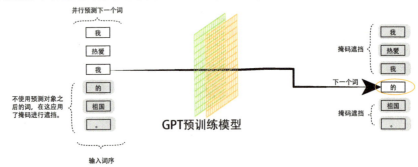

确保控制模型仅能访问当前位置之前的信息，即实施掩码处理，是防止模型在训练和应用过程中泄露未来信息的一项核心技术。

图 12-2 通过模拟真实应用场景中的限制条件，确保在生成文本时，模型仅能根据已出现的信息进行预测和推断，从而维护了信息的时间顺序和因果性

每次训练，GPT 都在努力做一件事：让猜对的可能性最大化。它用了一个叫作负对数似然的数学方法，简单来说，就是尽量减少猜错的机会。这个过程要重复很多次，而且每次都用不同的文字大餐来喂它，这样 GPT 就能慢慢摸清语言的规律，学会怎么更好地处理各种和自然语言相关的任务了。

总的来说，逻辑推理和自然语言处理就像是互相帮助的好朋友，一起推动着我们理解和运用语言的边界。

文字预测的学习过程，堪称一项精湛的技术艺术，它引领着大语言模型穿越两个核心阶段，逐步攀登至预测能力的巅峰。

- 第一部分，我们称之为"预训练阶段"。这就像是让模型读很多很多的书，从网上的文章、新闻到各种书籍，它都会仔细地"阅读"并"学习"。在这个过程中，机器人不仅学会了词语的意思，还知道了这些词语在句子中是怎么搭配的。比如，当它看到"小猫在日落时分跑向屋顶"这样的句子时，就知道"猫"和"跑"是好朋友，而且它们在句子里都有自己的位置和作用。

- 第二部分，我们叫作"微调阶段"。在这个阶段，我们会告诉模型它要做什么具体的工作，比如翻译语言。然后，我们会给它一些特别的任务和数据，让它变得更擅长做这个工作。就像是一个翻译家，经过不断的练习，他会越来越擅长把一种语言翻译成另一种语言。

经过这两个阶段的训练，模型就能在各种任务中大展身手了。它不仅能理解我们的语言，还能生成新的文本，帮助我们解决各种问题。这个过程不仅仅是模型被动地学习数据，还和数据进行深入的交流，不断地适应和优化自己。就像我们学习一样，通过不断地练习和调整，我们的能力也会越来越强。所以，大语言模型的学习过程，其实就是一个不断进步、不断超越自己的过程。

12.2 GPT：文本生成的鼻祖

GPT：文本生
成的鼻祖

2018 年，OpenAI 推出了一款革命性的大语言模型——GPT（之前我们曾多次阐述过）。GPT 在预训练阶段独特地采用了 Transformer 解码器结构，并通过学习数千本书籍的丰富文本内容，展现了出色的性能。它的预训练过程基于庞大的文本数据集，采用无监督学习方式，使模型能够深入理解语言的上下文和结构。Transformer 解码器结构之所以特别适合自然语言处理任务，是因为它能在训练过程中动态地捕捉上下文信息，这一设计选择充分体现了 GPT 的卓越智慧。

当我们聊到 GPT 这样的文本生成高手时，首先得思考一下，它怎么读懂我们给的文字呢？这背后，有个超级重要的步骤，就是把我们的文字变成模型能"吃"进去的形式。这个过程，直接影响到它理解和生成文字的能力。

- 如果直接把一整本书扔给模型，它肯定头大。所以，第一步是分词。这就像把句子拆成一个个词语或更小的意义单元，比如用字节对编码（BPE）这样的方法，把文字分解成既不太大也不太小的"口粮"，让模型好消化。

- 接着，每个分好的词得有个"身份证"，这就是词嵌入。每个词都被赋予了一个独特的数字密码，这些密码不仅包含了词的意思，还能告诉模型词和词之间的关系。这样一来，模型就能更聪明地理解人类的话了。

当我们完成了模型的初步训练后，接下来就要探索如何将这个强大的 GPT 模型应用到具体的实际问题中，也就是所谓的下游任务。这时候，微调 GPT 模型就显得尤为重要了。

通过对已有的 GPT 模型进行小幅度的调整，让它更好地适应特定的下游任务。在这个过程中，我们会在模型的输出部分加上一些特别的神经网络层，这些层是专门为处理下游任务设计的。然后，我们会用相关的下游任务数据集对模型进行全面的训练，让模型更加熟悉这个任务。

具体怎么做呢？我们会在预训练好的模型上面加上一个或者多个针对特定任务的输出头部。这些头部就像是一个转换器，能够把模型的原始输出变成更适合目标任务的形式，从而帮助我们更准确地完成任务。

另外，为了让 GPT 模型更好地处理下游任务，我们还会在输入文本时加入一些特殊的词元。比如，在做文档分类这种只需要一个文本输入的任务时，我们会在文本的开头和结尾分别加上<s>和<e>词元，这样模型就能更清楚地知道文本的边界在哪里。而对于需要同时输入两个文本的任务，比如自然语言推理，我们会在两个文本的中间加入一个特定的分隔词元，比如"S"，这样模型就能区分开不同的文本部分了。这些特殊词元的加入，是我们在把文本输入给模型之前的一个非常重要的预处理步骤。

 **知识拓展**

AI 内容生成与著作权保护

近年来，生成式 AI 技术，比如 ChatGPT、Midjourney、DALL-2，还有多模态 AI，都发展得特别快。这些技术虽然让人工智能领域大步前进，但也给法律领域，尤其是著作权保护，带来了不少新挑战。在使用这些技术时，从开发、学习、生成到利用，都会用到很多作品，所以怎么在新技术和保护原创之间找到平衡，就成了个大问题。

著作权法就像是保护创作者智慧结晶的法律盾牌，它保护的东西可多了，比如音乐、舞蹈、戏剧、美术作品、建筑设计、图形设计、电影、摄影作品，还有计算机软件等。这些都是创作者思想和情感的独特表达。但是，在生成式 AI 的应用里，不管是收集学习数据、复制内容，还是构建数据集，甚至最后生成的东西，都可能碰到著作权的边界。

用别人的作品，原则上要得到权利人的明确许可，这是对原创者劳动成果的尊重和法律的保护。不过，法律也考虑到了特殊情况，比如为了教育、科研、评论、新闻报道等公共利益，有时候即使没得到直接许可，也可以使用作品，但需要符合一定条件。

要判断生成式 AI 的开发和利用有没有侵犯著作权，可不是看单一行为就可以的，得综合考虑很多因素，比如使用的目的、性质、范围，还有对原作品市场的影响等。所以，对于开发者、研究者还有使用者来说，需要深入了解著作权法的相关规定，建立严格的版权审查机制，确保技术创新不以牺牲原创者的权益为代价。这样，生成式 AI 才能健康发展。当然，随着技术的不断进步，法律框架也应适时调整，才能应对新挑战，让科技和法律和谐共处。

12.3　BERT · RoBERTa：文本生成的新思路

在 2018 年，Google 推出了一个名叫 BERT 的新模型，它是自然语言处理领域的一大突破。BERT 的全名是 "Bidirectional Encoder Representations from Transformers"，它是为了改进之前的 GPT 模型而设计的。

GPT 模型有一个明显的限制：它在预测下一个词时，只能利用之前的词信息，而无法考虑到后面的词。这就像你在读一句话时，只看到前面的部分，却看不到后面的内容，很难完全理解整句话的意思。

为了解决这个问题，BERT 采用了一个全新的设计——Transformer 编码器结构。这个设计让 BERT 在计算某个词的嵌入时，能够同时考虑到它前面和后面的词序列信息。这样一来，BERT 就能更全面地捕捉到整个句子的上下文，从而更准确地理解和表征自然语言。BERT 的另一个重要贡献是它将预训练和微调巧妙地结合在了一起。

- 在预训练阶段，BERT 利用大规模文本语料库进行自监督学习，通过两个任务——Masked Language Model（MLM）和 Next Sentence Prediction（NSP）——来深入挖掘语言的深层表示。这就像让 BERT 先读大量的书籍和文章，从中学习到语言的规律和知识。

- 到了微调阶段，BERT 只需要在特定的下游任务数据集上进行有监督微调，就能灵活适应于文本分类、命名实体识别、问答等多种自然语言处理任务。这就像让 BERT 针对具体的问题进行专门的训练，使它的表现更加出色。

- 最厉害的是，BERT 模型无须重新设计或调整架构，就能在多个任务上取得竞争性能。通过预训练学习到的深层语言表示，BERT 在微调阶段仅需少量标记数据就能显著提升各种任务的性能。这就像让 BERT 有了一个"万能钥匙"，能够轻松应对各种自然语言处理任务。

接下来，我们要聊聊 RoBERTa，它是 BERT 的"升级版"！RoBERTa，全名是"Robustly optimized BERT approach"，是 Meta Research 在 2019 年推出的。它在 BERT 的基础上做了一些很棒的优化，让模型的性能更上一层楼。

- 首先，RoBERTa 用了个超级大的语料库来预训练。这个语料库里有维基百科、BookCorpus 等好多种数据源，比 BERT 用的要大上 10 倍。这样一来，RoBERTa 就能在预训练阶段学到更多的语言特征和上下文信息，让它的语言理解能力变得更强。

- 其次，RoBERTa 还用了个更动态、更随机的 Masked Language Model（MLM）训练策略。跟 BERT 比起来，这种策略能让模型在预训练阶段接触到更多未标记的文本，从而更有效地提升模型对语言规律和上下文的理解能力。

- 除此之外，RoBERTa 在预训练阶段还花了更长的时间，在每次训练过程中，**RoBERTa** 处理了更多的数据样本，即使用了更大的批次规模进行训练。这就像让模型"多学一会儿"，让它更充分地学习语言表示，进一步提高预训练模型的性能。

● 还有个不一样的地方是，**RoBERTa** 在预训练阶段取消了 **BERT** 里的 **Next Sentence Prediction**（**NSP**）任务，只专注提升 **MLM** 任务的表现。这样一来，不仅简化了模型的训练过程，还让模型对各种自然语言处理任务的泛化能力变得更强了。

现在，**RoBERTa** 和 **BERT** 都成了自然语言处理领域里的"明星模型"，被广泛应用在各种文本相关的任务中。

12.4 T5：模型融合的全新范式

继 **GPT** 与 **BERT** 之后，科技巨头 **Google** 又带来了一个全新的大杀器——**T5** 模型。这个 **T5** 是个集大成者，把 **Transformer** 架构里的编码器和解码器都巧妙地融合在一起。

咱们先来说说这个编码器。它就像是个超级侦探，能够深入挖掘文本的双向上下文信息，把藏在字里行间的秘密都揪出来。而解码器呢，就像是个才华横溢的作家，能够根据给定的信息，生成流畅自然的文本。

T5 模型最厉害的地方，就是它提出了一个全新的 **text-to-text** 格式。这个格式很有创意，它能把各种各样的下游任务，都统一转化成文本到文本的转换问题。简单来说，就是输入一段文本，经过编码器的处理，再由解码器生成输出文本。整个过程就像变魔术一样，既直观又神奇（见图 12-3）。

图 12-3　把带有特定任务的文本输进去，就能生成你想要的文本结果，这就是神奇的 text-to-text 格式

　　T5 模型最厉害的地方，就是它提出了一个全新的 text-to-text 格式。这个格式非常神奇，它能把各种各样的下游任务，都统一转化成文本到文本的转换问题。简单来说，就是输入一段文本，经过编码器的处理，再由解码器生成输出文本。整个过程就像变魔术一样，既直观又神奇。

　　而且，T5 模型的规模比 BERT 和 RoBERTa 还要庞大，参数数量直接翻倍。这样一来，它在自然语言处理的多个任务中，都刷新了当时的性能记录。就像是个全能选手，无论是生成文章摘要、回答问题，还是跨语言翻译，它都能轻松应对。

　　虽然 T5 模型功能强大，但在处理一些简单分类任务时，比如判断句子情感倾向，BERT 和 RoBERTa 这类仅含编码器的模型，反而表现得更为出色。它们就像是专业的分类高手，能够快速准确地完成任务。这是因为它们没有解码器的额外负担，所以推理速度更快，就像轻装上阵的跑步选手一样。

　　如果任务只需要预测文本形式，比如句子自动补全，那么编码器的功能或许就不那么必要了。这时候，GPT 这类仅含解码器的模型就足够了。它们就像专业的填空高手一样，能够精准高效地完成任务。

　　所以，选择哪种模型，关键还得看任务的具体需求。就像选拔运动员一样，得根据比赛项目来挑选合适的人选。这样，咱们才能确保任务能够顺利完成，达到预期的效果。

12.5 模型如何应对多语言任务

如果不仅仅使用英语，而是用全世界的语言来教计算机理解人类的话语，那会怎样？目前，科技工作者们已经这么做了，特别是在中文等其他语言里，也创造出了很多厉害的模型。这就是跨语言模型的魅力所在，它可是自然语言处理领域的一大步前进！

跨语言模型的好处：

（1）语言不再是障碍

跨语言模型就像是个语言通，它能在不同的语言之间轻松切换，理解各种语言的意思。这样一来，无论你说哪种语言，模型都能懂你，大大提升了它的通用性和工作效率。

（2）知识共享，无界限

如果你教会了这个模型一种语言的知识，它就能把这份智慧用到其他语言上，特别是对那些资料不多的"小众"语言来说，这可是个大福音！这样，全球的语言技术就能更均衡地发展，不会让某种语言落后太多。

（3）全球信息，一网打尽

跨语言模型还能跨越语言的界限，将全世界的信息都整合起来。无论是找资料、分析情绪，还是抽取重要事件，它都能做得游刃有余，让全球化交流变得更加顺畅。

跨语言模型的独特之处：

（1）先广学，再精修

这些模型通常会先用很多不同语言的数据来"广学"，积累大量的语言知识。然后，再根据具体的任务进行"精修"，让它们在特定场合下表现得更好。这样既保证了模型的广泛适用性，又能针对具体情况进行优化。

（2）多任务小能手

跨语言模型在设计时，会让它们同时学习好几种任务，比如猜词游戏（掩码语言模型）、接龙游戏（因果语言模型）和翻译游戏（翻译语言模型）等。这样，模型就能更全面地掌握语言的特点，变得更聪明。

（3）架构坚实，值得信赖

跨语言模型通常采用的是 Transformer 这样经过大量验证的通用架构。这些架构在自然语言处理领域已经大放异彩，为跨语言模型提供了坚实的基础和可靠的保障。

虽然跨语言模型非常厉害，但在实际使用中，还是会遇到一些难题。这些难题就像是一座座小山，需要我们想办法翻过去。

1）首先，每种语言的语法和说话习惯都大不一样，这就像每个地方的人都有自己的方言和习俗。模型不仅要能听懂"普通话"，还要能听懂各种"方言"，这对它来说可是个不小的挑战。而且，模型还得学会在这么多不同的语言里找到共同点，同时又不忘掉每种语言的特色，这真的挺难的。

2）其次，有些语言的数据很少，就像是一些稀有的书籍，很难找到。这样一来，模型在学习这些语言的时候就会感到吃力，表现也就不那么好了。

3）跨语言模型要处理很多种语言和任务，这就像是一个人要同时做很多份工作，肯定会感到累和复杂。

那怎么办呢？通常可以尝试以下方案解决。

1）给模型升级：就像给计算机升级硬件一样，我们也可以改进模型的架构，让它更能适应多语言的环境，提高它的工作效率和泛化能力。

2）让模型自学：我们可以让模型自己从大量的无标注数据中学习，就像是一个人通过阅读来增长知识一样。这样，模型就能从中学到很多有用的东西，变得更加强大。

3）数据增强：对于那些数据稀少的语言，我们可以试试数据增强的方法，就像是用复印机把稀有的书籍复印几份一样。这样，模型就能有更多的数据来学习，表现也就会更好了。

4）结合专业知识：还可以把跨语言模型和专业领域的知识结合起来，就像是一个医生不仅要懂医学知识，还要懂怎么和病人沟通一样。这样，模型就能在特定的领域里发挥出更好的效果了。

虽然跨语言模型在实际应用中会遇到一些挑战，但只要我们想办法去克服它们，就一定能让模型变得更加强大和实用。

如果能有一个超级聪明的助手，它能听懂、看懂还能回应世界上近百种语言是多么美好。现在，科技真的让我们离这个梦想近了一大步。多语言版本的 BERT、RoBERTa 和 T5，也就是大家说的多语言 BERT、XLM-R（XLM 和 RoBERTa 的结合版）还有 mT5（多语言 T5），它们就像是这样的超级助手，能支持国际上大约 100 种常用的语言。

为了让这些"超级助手"变得这么厉害，科研工作者给它们准备了一个超级大的"学习资料库"——多语言语料库。其中，CC-100 里面装了 100 多种语言的"书"，这些"书"都是从网上找到的，而且科研工作者还特意筛选过，确保里面的内容都是高质量的。这个 CC-100 就是用来教 XLM-R 怎么变得更聪明的。而为了教 mT5，科研工作者又专门准备了一个叫 mC4 的大型"学习资料库"。

读者可能会有疑问，这些"超级助手"是怎么学会这么多语言的呢？原来，它们在学习的时候，会找到一种和特定语言没关系的方式来表达信息，这就像是我们用数学公式来解决问题，不管问题是用什么语言问的，公式都是一样的。这样一来，如果我们在一种语言上教它做某件事，比如用英语教它怎么理解文章，它竟然也能学会用中文来做同样的事！这个能力叫作跨语言迁移学习，对于那些没有太多自然语言处理数据的语言来说，简直是个大福音，因为它们可以"借"其他语言的数据来学习，再也不怕数据不够用了。

科学工作者对 XLM-R 这个"语言小能手"做了个小测试（见图 12-4）。他们准备了两组数据，一组是英文的，这组数据里有很多已经标注好的情感分析例子，就像是给"语言小能手"准备的详细教材；另一组则是泰文的，但这组数据里的标注例子就少多了，就像是只有几页纸的简易教材。

　　首先用那本详细的英文"教材"给 XLM-R"上课"，让它学会怎么做情感分析。然后，他们利用 XLM-R 的一个超酷技能——跨语言迁移学习，让这个已经学会英文情感分析的"小能手"去尝试处理泰文的情感分析任务，就像是我们学会了英语后，再去学其他语言会更容易一样。

　　这个方法真的很有效！尤其是在泰文这种标注数据很少的情况下，XLM-R 的表现简直让人惊喜，它做情感分析的准确率提高了很多。这就像是我们用少量的泰文"教材"，加上之前学的英文知识，就能让"语言小能手"在泰文上大展身手！

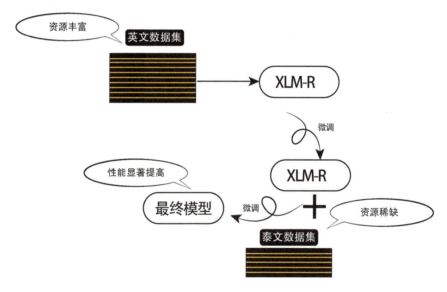

图12-4　该实验有力地验证了跨语言迁移学习的卓越效能，它能够在不同语言间高效地转移并应用所学到的知识

　　很神奇的是，在这些多语言模型的学习过程中，科技工作者们并没有给它们提供翻译数据这样的"语言对照表"，来告诉模型不同语言之间是怎么对应的。但就算这样，这些模型还是能找到不同语言之间的共同点，实现跨语言迁移学习！

就像是我们学会了中文和英文，就算没有直接的翻译对照，我们也能感觉到两种语言里有些东西是相通的，比如句子的结构啊，词汇的用法之类。这些多语言模型可能也是这么做的，它们可能是找到了一种方法，能识别和利用不同语言里那些抽象的、结构上的共同点，然后形成了一种不依赖特定语言的内部表达方式。这样一来，模型就能在不同语言之间灵活地"切换"和"理解"了，非常有趣和神奇！

12.6 中文处理策略：微观视角的分词

如果我们想让计算机理解我们说的话，一个简单的方法是把每个词都变成一个数字代码，这就是所谓的"词嵌入"在大语言模型里的基本思想。不过，自然语言可没那么简单，直接用词作为基本单位会遇到不少麻烦。

首先，新词就像雨后春笋一样不断冒出来，比如新出现的人名、地名，还有各种各样的专有名词。要想把所有这些词都收入到一个词汇表里，那简直是个不可能的任务。而且，就算我们勉强做到了，词汇表里也会有很多不常用的词，这些词出现的次数少得可怜，和那些经常出现的词比起来，就像是大海里的一滴水。这样一来，模型在训练时，就容易对高频词"偏心"，忽略了那些同样重要但出现次数少的词。

不管是训练模型的编码器部分，还是编码器-解码器、解码器的部分，都需要对每个词算一遍概率，这工作量可就太大了。再加上巨大的单词嵌入矩阵，占用的内存和资源也是一笔不小的开销，不管是在预训练阶段还是微调阶段，都让人头疼不已。

单词这么多变，索性用单个文字作为基本单位吧，毕竟文字的数量是有限的，可是这样一来，问题又来了。文字作为基本单位，就像是把一句话拆成了太多太小的碎片，模型在学习这些文字级别的表示时，会发现单个文字往往缺乏足够的上下文信息，很难准确理解它的意思。

通过长期实践，科研工作者们又想了个折中的办法，那就是用"子词"作为基本单位。这个子词，就像是介于单词和文字之间的一个"中间人"，我们可以通过调整分割的粒度，来灵活地控制词汇量的大小。这样一来，我们就能在模型性能和效率之间找到一个最好的平衡点，既避免了低频单词的问题，又降低了计算成本和内存占用，还能保留足够的上下文信息，让模型更加出色地理解和生成自然语言。这是个一举多得的好办法。

字节对编码（Byte-Pair Encoding, BPE）是一种常用的子词分割方法。它就像是给文本做了一个巧妙的"切割"，让我们能更好地理解和处理语言。

- 首先，BPE 算法会将文本里每个单独的字或者符号都看作是一个小小的"子词"，然后将这些子词都放到一个初始的"词汇表"里。这个词汇表就像是我们的"工具箱"，里面装满了处理文本时需要用到的各种"零件"。

- 接下来，BPE 算法就开始它的"魔法"了。它会仔细地看一遍文本，找出那些经常挨在一起出现的子词组，就像是找出了句子里的"好朋友"。然后，它会将这些"好朋友"组合成一个新的子词，再将这个新子词加到词汇表里。

这个过程会一直重复进行，就像是在不断地给工具箱添加新的"零件"。随着时间的推移，词汇表里的子词就越来越丰富，既包括了单个的字或符号，也包括了多个字或符号的组合。

这样一来，BPE 算法就帮我们解决了一个大问题：词汇量太大、太难管理。现在，我们可以用这些子词来更灵活地理解和表达语言的含义，就像是给模型装上了一个"超级大脑"，让它能够更聪明地处理文本。

接下来，让我们一起深入探索一种在自然语言处理领域非常出名的分词技术——WordPiece，它可是 BERT 模型的"得力助手"！虽然 WordPiece 和之前提到的字节对编码（BPE）有点像，都是把句子拆成更小的子词单元，但它们在细节上可大不一样。

WordPiece 也是通过逐步合并那些经常一起出现的子词来构建词汇表的。不过，它可不是随便合并的，而是用了一种更聪明的得分机制来挑选要合并的子词。这个得分机制就像是个"裁判"，会综合考虑很多因素，比如子词在训练数据里出现的次数、语言模型的喜好等等，来确保每次合并都是准确有效的。

具体来说，WordPiece 算法有个特别的地方，就是它喜欢选择那些能让语言模型变得更聪明的组合来合并。这有点像是在玩拼图，每次合并都要让整体看起来更和谐、更完整。为了实现这个目标，WordPiece 用到了一个叫作"互信息"的概念，它能帮助算法衡量两个子词合并后对语言模型性能的提升有多大。

虽然 WordPiece 算法的得分计算过程有点复杂，涉及语言模型的概率评估，但我们可以简单理解为：它就是在找那些合并后能让语言模型更开心的子词组合。这种策略让 WordPiece 在构建词汇表时，能够更准确地抓住语言的特点和规律，给 BERT 等自然语言处理模型打下更坚实的基础。WordPiece 就像是一个细心的"语言雕刻师"，通过精准的分词技术，帮助我们更好地理解和处理文本信息。

最后，我们把目光聚焦在中文的分词策略上来。大家都知道，中文和英文很不一样，中文里的词语之间没有明显的空格分隔，这就像是一串长长的珠子，没有明显的界线。所以，在处理中文这样的语言时，分词就显得特别重要了，它就像是帮我们把这串珠子分开，让我们能更清楚地看到每一颗珠子的样子。虽然像字节对编码（BPE）和 WordPiece 这样的分词方法，一开始是为英文设计的，但是经过一些聪明的调整和优化，它们也能很好地应对中文分词的挑战。这就像是一把原本用来切苹果的刀，经过改装后，也能轻松地切西瓜。

在多语言模型里，比如 XLM-R 和 mT5，它们用了一种更高级的基于句子的字节对编码技术。这种技术就像是有个聪明的助手，能帮我们更自然地分割文本，让模型在处理多种语言和跨语言任务时，表现得更好、更准确。不过，这种方法有时候可能会把词语切得不太准确，就像是把一个完整的苹果切成了两半，但其中一半还带着点果核。

　　为了解决这个问题，在处理中文大规模语言模型时，我们通常会先用一个特别的工具——语素分析器（或者说是分词器），来把文本分成一个个单词。然后，再对这些已经分好的单词用字节对编码或 WordPiece 等方法进行更细致的分割。这样，我们就能更自然地处理以单词为单位的自然语言处理任务了，就像是给每一颗珠子都穿上了漂亮的线，让它们各自闪耀光芒。

　　中文文字处理领域现在正飞速发展，就像一辆高速行驶的列车，不断探索新技术、新应用和新未来的边界。在这个充满活力的研究领域里，研究者们就像是一群聪明的工程师，正在努力优化和创新基于 Transformer 的模型。

　　同时，随着边缘计算和移动设备的普及，轻量级和高效的模型也变得越来越重要。研究者们就像是一群精明的建筑师，正在运用各种先进技术，比如模型压缩、剪枝、量化等，来打造更简洁、更高效的模型结构。这样，即使在资源有限的环境下，模型也能保持出色的准确性。

　　另外，多模态融合和跨模态理解也是中文文字处理领域的前沿热点。现在，中文文字处理已经不仅仅局限于文本了，而是越来越多地与图像、语音等其他模态融合在一起。这种创新的技术就像是一个"超级大脑"，能够帮助模型更深入地理解复杂场景中的信息，实现更全面的语义理解。这种技术已经被广泛应用于情感分析、事件检测等多个重要领域，让我们的生活变得更加智能和便捷。

13

模型微调深入分析：揭秘自然语言处理任务（情感分析、自然语言推理、语义相似度和语境多项选择的微调技巧）

13.1 大语言模型擅长的基本任务

  大语言模型的兴起与日益流行的趋势，绝非偶然，而是其深厚技术底蕴与广泛应用前景的必然结果。这一高科技产物之所以能够赢得如此多的关注与青睐，关键在于它展现出了在多个核心任务上的卓越能力，这些任务不仅涵盖了自然语言处理的多个基本方面，还深入到了人类语言理解与生成的精髓之中。下面，让我们一同探索大语言模型所擅长的那些令人印象深刻的基本任务，并了解它们如何助力实现工作的自动化。

  大语言模型通过学习网络上大量的文本和代码，并以此为基础进行推论。令人惊讶的是，大语言模型能够以特定的信息和背景知识为基础，根据内容推导出逻辑性的结论和答案。利用推理能力，可以在"文本分类""情感分析""问题的回答""摘要概括"等自然语言处理任务中应用。我们先来感受一下大语言模型是如何实现这些基本任务的（见图 13-1）。

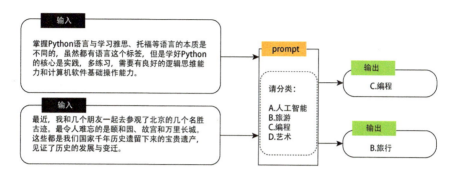

图 13-1 大语言模型擅长分类、情感分析、推理等各种自然语言处理任务

文本分类，作为自然语言处理领域的一项基础而关键的任务，扮演着举足轻重的角色。它的核心目标是将给定的文本内容按照预设的类别体系进行准确划分。例如，我们每天接触到的海量信息——从新闻报道到社交媒体帖子，从产品评论到学术论文，如果能够被自动且准确地分类，那么信息的检索、管理和分析将变得前所未有地高效。

在过去，文本分类的实现依赖于传统的机器学习方法。这意味着研究人员需要首先收集并手动标注大量的文本数据，作为训练模型的"教材"。这一过程不仅耗时费力，而且对标注者的专业知识和一致性要求极高。随后，模型会基于这些标注数据学习如何区分不同的文本类别。然而，这种方法的局限性在于，模型的性能往往受限于训练数据的数量和质量，且对于新出现的类别或领域，模型可能需要重新训练。

随着大语言模型的崛起，文本分类的面貌发生了翻天覆地的变化。例如 GPT 系列、BERT 等模型，已经在海量的文本数据上进行了预训练，掌握了丰富的语言知识和模式。因此，当需要进行文本分类时，无须再从零开始构建和训练模型。相反，可以直接利用这些预训练的大语言模型，通过简单的调整或"提示"，就能让它们对新的文本进行分类。这种"即插即用"的特性极大地降低了文本分类的门槛和成本。

然而，大语言模型虽强，但并非万能。在某些高度专业化的领域，如医学、法律或金融，通用的语言模型可能无法准确捕捉特定领域的细微差别和专业知识。这时，微调技术便显得尤为重要。通过微调，可以将大语言模型"定制化"，使其在面对特定领域的文本时，能够表现出更加精准和专业的分类能力。值得一提的是，许多先进的大语言模型，如 ChatGPT，不仅提供了微调的功能，还允许用户进行个性化的定制。这意味着用户可以根据自己的需求和偏好，调整模型的响应方式和风格，从而创造出独一无二的文本分类解决方案。

13.2 情感分析：本质是文本分类

大语言模型的非凡能力之一，便是它们能够深入解读文章背后隐藏的情感色彩，这一令人瞩目的功能被形象地称为"情感分析"（Sentiment Analysis）。简而言之，情感分析技术让机器能够"理解"人类的喜怒哀乐，从纷繁复杂的文字信息中捕捉情感线索。

情感分析的实现，依赖于先进的自然语言处理技术和深度学习算法，它们能够分析文本中的词汇、短语、句子结构以及上下文关系，从而准确判断作者或说话者的情感倾向。这种技术不仅限于识别简单的积极或消极情绪，还能进一步细分出如兴奋、悲伤、愤怒、惊讶等多种复杂情感。

在市场营销领域，情感分析如同企业的"情绪雷达"，帮助企业实时监测和分析消费者对产品、服务或品牌的情感反馈。通过社交媒体、在线评论、论坛讨论等渠道收集的数据，企业可以迅速响应市场变化，调整营销策略，提升顾客满意度和忠诚度。

在顾客服务方面，情感分析技术能够辅助客服人员更准确地把握顾客的情绪状态，从而提供更加贴心、个性化的服务。当顾客在咨询或投诉过程中表现出不满或焦虑时，客服人员可以依据情感分析的结果，采取更为恰当的沟通方式，有效化解矛盾，提升顾客体验。

商品评论和问卷调查是获取用户反馈的重要途径。情感分析技术能够自动处理大量的评论和问卷数据，快速提炼出用户的情感倾向和关键意见，为产品改进和优化提供有力支持。

此外，情感分析在养生保健领域也展现出巨大潜力。通过分析患者的日记、社交媒体帖子或在线论坛的发言，医生和研究人员可以更好地了解患者的心理状态，及时发现潜在的心理问题，为患者提供更加精准、个性化的心理健康服务。下面，看一个 ChatGPT 情感分析的例子（见图 13-2）。

人类　　请对以下的输入进行情感分析。
选项（情绪）
- 肯定
- 否定
- 中立

###例子
我今天特别高兴 -> 肯定

输入
今天阳光明媚、每个人脸上都充满了笑容

 肯定

图 13-2　绝大多数大语言模型都提供了情感分析的功能，本案例中首先给出了例子，然后输入句子，让模型判断情感倾向

情感分析不仅仅局限于对文章情感的简单推理，它还能够进一步实现情感的量化评估。在具体的应用案例中，我们不再仅仅将情感简单地归类为肯定、否定或中立，而是通过更为精细的划分，将情感状态以数值的形式呈现出来。比如，我们可以将"喜悦"量化为 2，"悲伤"量化为 1，"厌恶"量化为 4，"兴奋"量化为 5 等，这样的处理方式使得情感分析的结果更加细腻且具有层次感。

情感分析与情感数值化技术无疑为文章评价领域引入了创新性的视角。理论上，构建一个全面且客观的评分框架，对文章进行量化评估是完全可实现

的。这一框架应综合考量多个维度，包括但不限于文章的情感丰富程度、情感传达的准确性，以及情感与文章主题的契合度。

具体来说，我们可以依据文章激发读者情感的强烈程度、情感转折的多样性，以及情感表达的深度与细腻度来赋予分数。一篇能够深深触动读者心灵、情感层次分明且表达深刻的文章，理应获得高分评价。然而，构建这样一套评分系统需经过周密设计，以确保其评价结果的公正与准确。

同时，我们也应清醒认识到，文章质量的评判往往是主观感受与客观标准的结合体。情感分析与数值化虽为评价提供了有力工具，但它们仅是评价体系中的一部分，无法完全取代人工审阅的独特价值。这些技术能够助力我们更深入地挖掘文章的情感内核，为文章评价提供更为全面与细致的视角，但最终的评判仍需结合人工的智慧与经验。

总之，情感分析与情感数值化技术为文章评价带来了新方法，它们不仅丰富了评价手段，也促进了我们对文章情感层面的深入理解，为文章质量的评估提供了更加全面、细致的参考依据。

最后，我们稍微深入地聊一下情感分析任务的微调。它就像是给预训练的情感分析模型穿上了一件定制的外衣，让模型能够更好地适应特定领域或任务的需求。接下来就来聊一聊这个有趣的技术，尽量用简单易懂的方式揭开它的神秘面纱。

有这样一个场景，当有一个预训练的情感分析模型，它就像是一个通用的情感翻译器，能够识别出文本中的情感色彩。但是，当把这个模型应用到社交媒体上时，可能会发现它有些"水土不服"。因为社交媒体上的用户表达情感的方式非常多样，有表情符号、缩写、俚语等等，这些都让模型感到困惑。

这时，微调就派上了用场。微调就像是给模型进行了一次"特殊培训"，让它能够更好地理解特定领域的情感表达方式和语言特点。在微调过程中，我们会收集一些特定领域的标注数据，这些数据就像是模型的"教材"，让模型能够学习并适应该领域的情感表达模式。

以社交媒体为例，可以收集一些包含表情符号、缩写和俚语的文本数据，并对这些数据进行标注，告诉模型这些文本表达的是什么样的情感。然后，用这些数据对模型进行微调训练，让模型逐渐学会如何在这种语言环境下准确捕捉用户的情感变化。经过微调后，模型就像是有了一双"火眼金睛"，能够更准确地识别出社交媒体上的情感信息。这样，我们就可以更好地了解用户的情感需求，为他们提供更加个性化的服务。

13.3 自然语言推理：机器理解文本的逻辑思维挑战

自然语言推理（Natural Language Inference，NLI）无疑是自然语言处理领域中的一项极具挑战性的任务。它不仅仅要求模型能够"读懂"文本，更要求模型能够"思考"并"理解"两个文本序列之间的逻辑关系。这就像是给机器出了一道复杂的逻辑题，需要它仔细分析并给出答案。例如，我们给机器提供一个前提："所有的猫都是动物"。接着，我们提出一个假设："这只猫是动物"。机器的任务就是判断这个假设是否可以从前提中推断出来。这看似简单，但实际上需要机器具备深厚的语言理解能力和逻辑推理能力。

NLI 的这种推理能力对于许多自然语言处理应用都至关重要。比如，在问答系统中，机器需要根据用户的问题，从大量的文本中找出最相关的答案。这就需要机器能够准确理解问题和答案之间的逻辑关系。同样，在文本生成和智能对话中，机器也需要根据上下文，生成合理、连贯的文本，这也离不开 NLI 的支持。

然而，要让机器掌握这种推理能力，并不是一件容易的事。传统的自然语言处理模型往往难以准确捕捉文本之间的逻辑关系，导致在 NLI 任务上的表现不尽如人意。这时，微调技术就像是为模型送上的一份"秘籍"，帮助它在 NLI 的道路上取得突破。

通过微调，模型能够更加精准地捕捉前提和假设之间的细微差别。它开始学会关注那些对推理结果至关重要的词汇和短语，并忽略那些无关紧要的信息。这样，当面对新的 NLI 任务时，模型就能够更加迅速、准确地给出答案。

下面看一个典型的 NLI 结构（见图 13-3）。在 NLI 任务中，模型需要判断两个句子之间的逻辑关系，比如蕴含、中立或矛盾。

图 13-3　经典 NLI 结构的模型，用于处理自然语言推理任务。具体是将两个句子输入到编码器，然后进行预测，也就是来完成自然语言推理任务

在这个特定的 NLI 模型中，我们采用了一个巧妙的策略：将两个句子通过特殊的方式组合起来，作为单一的输入序列送入 Transformer 编码器。这个序列的开头是一个特殊的词元——[CLS]（Classification Token，分类词元）。[CLS]词元的存在，是为了让模型能够学习到整个输入序列的全局表示，其输出向量通常被用来进行最终的分类决策。

具体来说，模型首先将两个句子通过分隔符（如[SEP]）连接起来，形成一个新的序列："[CLS] 句子 1 [SEP] 句子 2"。这个序列被转换成一系列的 ID（每个词或子词对应一个唯一的 ID），然后输入到 Transformer 编码器中。编码器通过多层自注意力机制和前馈神经网络，对每个 ID 对应的向量进行深度加工，最终输出一系列更新后的向量，其中就包括[CLS]词元的输出向量。

接下来，这个[CLS]词元的输出向量会被传递给一个线性层，也就是所谓的"分类头"。这个线性层的作用，是将高维的向量空间映射到一个低维的标签空间，具体来说，就是映射到一个三维向量，每个维度对应一个 NLI 标签

（如蕴含、中立、矛盾）的得分。通过 softmax 函数，我们可以将这些得分转换为概率分布，从而选择最可能的标签作为模型的输出。

值得一提的是，除了 NLI 任务外，还可以考虑让模型同时学习其他相关任务（如情感分析、问答匹配等），通过共享 Transformer 编码器的参数，实现知识的迁移和共享。

13.4　微调与语义相似度的结合：智能的"双重奏"

在自然语言处理的广阔天地里，语义相似度这一概念占据着举足轻重的地位。它巧妙地模拟了人类交流中的一种能力：即便词汇各异，我们仍能洞悉言外之意，理解对方的真实意图。计算机，这一现代科技的杰作，如今也能借助语义相似度技术，达到异曲同工之妙。

语义相似度（Semantic Similarity，STS），简而言之，就是运用先进的算法，深入剖析文本中的词汇、句法构造及上下文环境，从而精确判断两段文本在意义上的相近程度。这一技术在众多领域都展现出了非凡的价值，无论是信息检索的精准匹配，还是问答系统的智能回应，抑或是文本分类的高效处理，都离不开它的助力。

而当微调技术与语义相似度相遇，便如同为模型注入了强大的"智慧芯片"。这一结合，不仅使得模型在特定领域的表现更加出色，更极大地拓宽了其应用范围。以智能客服为例，经过微调的语义相似度模型能够更准确地捕捉用户的需求与问题，提供更为贴心、个性化的服务体验。在文档管理领域，它则化身为智能助手，轻松实现文档的分类与检索，让烦琐的工作变得井然有序。此外，在教育软件和科研工具中，这一技术也发挥着不可小觑的作用，助力人们更高效地学习、探索未知。

下面是一个典型的 STS 结构（见图 13-4），其任务是计算出两个句子的相似程度作为分数。

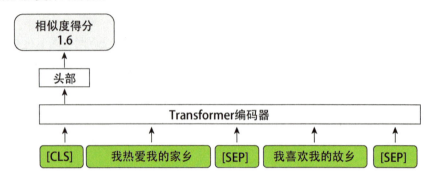

图13-4　经典 STS 结构的模型，用于处理语义相似度任务。具体是将两个句子输入到编码器，然后进行预测，也就是来完成语义相似度任务

在之前介绍的自然语言处理任务中，我们可能面对的是一个分类问题，比如预测某个文本所属的标签类别、情感分析等。但这次，我们要探讨的是语义相似度，这是一个与分类截然不同的任务，它更像是一个回归问题，目标是预测两个文本在意义上的相似程度，并给出一个实数值作为得分。图中所示的模型能够深入理解并比较两个句子的含义。

这个模型由两个部分组成：一个是编码器，负责将输入的句子转化为计算机能够理解的向量表示；另一个是一个线性层，它的作用是将这些向量进一步处理，最终输出一个代表语义相似度的得分。具体来说，当我们把两个句子输入到这个模型中时，编码器会首先对每个句子进行"翻译"，将它们转换成一系列复杂的数字向量。这些向量就像是句子的"指纹"，包含了句子中所有的词汇、句法结构和上下文信息。

接着，这些"指纹"会被送到线性层进行进一步的处理。线性层就像是一个精细的计算器，它会根据这些"指纹"中的信息，计算出两个句子在意义上的相似程度，并给出一个实数值作为得分。这个得分越高，说明两个句子在意义上的相似度越高；得分越低，则相似度越低。这样的模型在很多领域都有广泛的应用。比如，在智能客服系统中，它可以用来比较用户的问题和预设答案之间的相似度，从而找出最匹配的答案；在文档管理中，它可以用来判断两篇文档的内容是否相似，从而帮助我们进行高效的分类和检索。

13.5　多项选择问答：打造智能问答高手

多项选择问答（Multiple Choice Question Answering, MCQA），这个看似简单的概念，其实蕴含着不小的挑战，尤其是对 AI 而言。例如，当面对一个问题，下面跟着几个选项，需要从中挑选出最符合问题要求的答案。对人类来说，这可能只是日常思维活动的一小部分，但对 AI 来说，这却是一个复杂的多步骤过程。

- 首先，AI 得理解问题的意思。这不仅仅是对词汇的识别，更是对问题背后意图的把握。比如，"哪个星球是太阳系中最大的？"这个问题，AI 需要知道"太阳系"和"最大"的含义，以及它们如何组合在一起形成问题的核心。

- 接着，AI 要分析每个选项。这不仅仅是看看选项里有没有出现问题的答案，更是要理解选项与问题之间的逻辑关系。比如，对于上面的问题，选项可能是"地球""月球""太阳"和"木星"，AI 需要知道这些星球的大小关系，才能判断哪个是"最大"的。

- 最后，AI 还要在多个选项之间做出选择。这就像是在几个看似合理的答案中挑选出最正确的一个，需要 AI 有足够的判断力和决策能力。

那么微调，就是为 AI 提供这种能力的关键步骤。通过在预训练模型的基础上进行额外的训练，AI 能够学习到多项选择问答任务特有的特征和规律。这就像是一个学生，在掌握了基础知识之后，还需要通过大量的练习来提升自己的解题能力和应试技巧。

下面，让我们通过一个实际例子来展示五选一问答的奥秘。这里，我们使用一个特别的模型，它会对问题句子与每个选项的组合进行评分，以此来找出最佳答案。有这样一个场景，如果我们想知道"美食有？"这个问题的答案，并给出了"草原酸奶饼"和"北京烤鸭"这两个选项。

模型的工作方式相当巧妙（见图 13-5）：它会将问题与每个选项拼接起来，形成两个不同的输入序列。比如，"[CLS]美食是？[SEP]草原酸奶饼"和"[CLS]美食是？[SEP]北京烤鸭"。这里的[CLS]和[SEP]是特殊的标记，用于指示序列的开始和分隔。

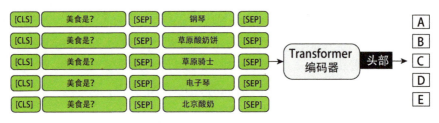

图13-5 五选一多项选择问答模型示意图

接下来，这些序列会被送入一个编码器中进行处理。编码器会读取整个序列，并在序列的开头位置（即[CLS]标记后）生成一个输出向量。这个输出向量就代表了该序列的整体信息。模型会利用这个输出向量来计算一个得分，这个得分反映了该选项与问题的匹配程度。得分越高，说明模型认为这个选项越有可能是正确答案。在训练阶段，模型会根据这些得分和实际的正确答案来计算损失，从而调整自己的参数，提高预测的准确性。而在推理阶段，模型会直接根据得分高低来预测答案，选择得分最高的选项作为最终答案。

13.6 LoRA 微调策略

大语言模型以其惊人的规模和复杂性，为我们带来了前所未有的语言处理能力，但同时也对计算资源，尤其是内存，提出了严峻的挑战。为了更好地驾驭大语言模型，科研人员们开发了一系列精妙的微调技巧，旨在减轻内存负担，让大语言模型的训练与部署变得更加高效。其中，LoRA（Low-Rank Adaptation）技术如同一股清流，为这一难题提供了创新的解决方案。

有这样一个场景，需要对一个重达数百层的神经网络进行微调，每一个参数的轻微调整都可能意味着巨大的计算开销。LoRA 技术的核心智慧在于，它并不直接修改原始模型的所有参数，而是巧妙地引入了一个"低秩"的概念。简单来说，低秩意味着用更简洁、更少量的信息来表达原本复杂的参数变化。

LoRA 实现的关键在于给大型模型"穿上"一层特制的适配器。这层适配器实际上是由两个较小的矩阵构成，它们的乘积被用来近似原始线性层参数的微小变动。这样做的好处是显而易见的：原本需要调整的大量参数，现在只需优化这两个小矩阵，从而极大地减少了需要存储和更新的数据量。

通过这种方式，LoRA 不仅显著降低了微调过程中的内存占用，还提高了训练速度。更重要的是，它允许系统在不牺牲太多模型性能的前提下，对大语言模型进行灵活且高效的个性化定制。这意味着，即使是资源有限的研究者或开发者，也能轻松地对前沿的大型语言模型进行微调，以适应特定的任务或数据集。

LoRA 的价值不仅体现在其理论上的创新，更在于它在实践中的广泛应用和显著成效。从学术研究到工业应用，LoRA 都展现出了强大的潜力和价值。它使得大语言模型的微调变得更加可行和高效，推动了自然语言处理技术的进一步发展，也为构建更加智能、更加个性化的语言处理系统提供了有力的支持。

14

摘要生成：提高信息获取效率的精练技术（探讨如何提高信息获取效率，助力知识传播与创新）

14.1 摘要生成的基本概念

所谓摘要生成，是指从较长的文章中将内容进行简短总结，生成摘要的任务。例如，有针对新闻报道生成标题的任务（见图 14-1）。

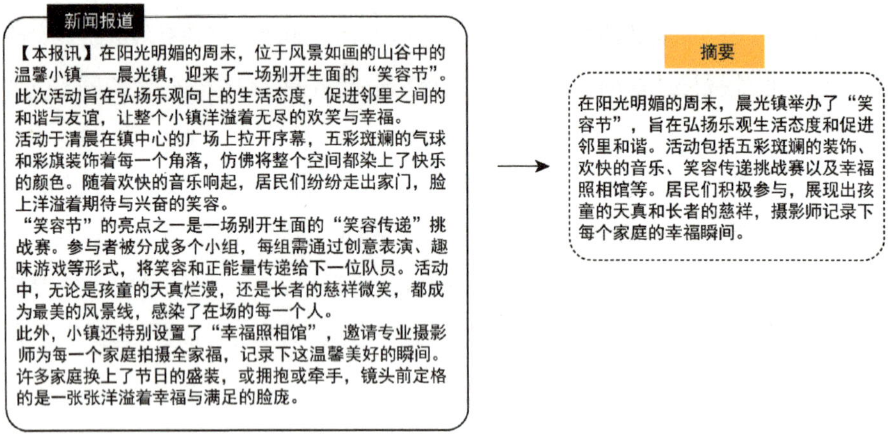

新闻报道

【本报讯】在阳光明媚的周末，位于风景如画的山谷中的温馨小镇——晨光镇，迎来了一场别开生面的"笑容节"。此次活动旨在弘扬乐观向上的生活态度，促进邻里之间的和谐与友谊，让整个小镇洋溢着无尽的欢笑与幸福。

活动于清晨在镇中心的广场上拉开序幕，五彩斑斓的气球和彩旗装饰着每一个角落，仿佛将整个空间都染上了快乐的颜色。随着欢快的音乐响起，居民们纷纷走出家门，脸上洋溢着期待与兴奋的笑容。

"笑容节"的亮点之一是一场别开生面的"笑容传递"挑战赛。参与者被分成多个小组，每组需通过创意表演、趣味游戏等形式，将笑容和正能量传递给下一位队员。活动中，无论是孩童的天真烂漫，还是长者的慈祥微笑，都成为最美的风景线，感染了在场的每一个人。

此外，小镇还特别设置了"幸福照相馆"，邀请专业摄影师为每一个家庭拍摄全家福，记录下这温馨美好的瞬间。许多家庭换上了节日的盛装，或拥抱或牵手，镜头前定格的是一张张洋溢着幸福与满足的脸庞。

摘要

在阳光明媚的周末，晨光镇举办了"笑容节"，旨在弘扬乐观生活态度和促进邻里和谐。活动包括五彩斑斓的装饰、欢快的音乐、笑容传递挑战赛以及幸福照相馆等。居民们积极参与，展现出孩童的天真和长者的慈祥，摄影师记录下每个家庭的幸福瞬间。

图 14-1 摘要生成将原始较长的文章的词语序列转换为摘要文章的另一种较短的词语序列

摘要生成，简单来说，就是把一篇长长的文章"压缩"成一段简短的文字，保留原文的精髓。这种把长序列转换成短序列的技术，在不少地方都能见到它的身影，比如机器翻译和对话系统里，也经常用到类似的模型和评价标准。不过，摘要生成可不是"一刀切"的活儿，根据不同的输出要求、文章数量和摘要目的，它的任务和方法也会有所不同。所以，想要打造一个好用的摘要生成系统，首先得明确你的目标是什么，再选对合适的方法，这样才能事半功倍。

摘要生成任务主要分为两大类：提取型和生成型。提取型摘要，简而言之，就是从原文中挑选出关键单词、短语或句子，组合成摘要。这种方法里，有很多技巧能对原文中的内容进行分类挑选，比如一个叫作 BERTSUMxt 的模型，它利用 BERT 技术来判断哪些句子该被纳入摘要，做出"是"或"否"的二值选择。因为摘要完全来自原文，所以这种方法很少会出错，比如包含原文没提到的信息，或者意思和原文大相径庭。不过，要想把挑选出来的内容整合得既简洁又自然，这就有点挑战了。

生成型摘要，与提取型摘要相对，是一种基于原文创造全新摘要的任务。它的一大特点是，摘要里可以出现原文中没有的句子。这种摘要通常是通过编码器-解码器结构的大语言模型来制作的。简单来说，就是把长长的原文放进编码器里，然后解码器就能"吐"出一篇摘要来。像 T5 这样的大语言模型，经过微调后，能做出性能很好的摘要生成器。虽然生成型摘要能让句子读起来更自然，但也有个缺点，就是有时候会生成和事实不符的摘要，这点需要注意。

当我们面对文章摘要的任务时，根据文章数量的不同，可以分为两大类：单一文本摘要和多文本摘要，它们各自有着独特的特点和挑战。

- 单一文本摘要，顾名思义，就是对一篇文章进行精简提炼，生成其摘要。这就像人们日常从一篇新闻报道中提炼出标题，或者从学术论文中总结出主旨一样。这类摘要的输入文本通常是连贯、自然的文章，每一篇文章都对应着一个摘要。在处理这类任务时，往往将其视为一个简单的序列转换任务，即把原文转换成简洁明了的摘要。

- 而多文本摘要则相对复杂得多。它涉及的是对多篇相关但不完全相同的文章进行综合分析和提炼，以生成一个全面的摘要。比如，通常可能需要从众多关于某款商品的评论中，提炼出这款商品的综合评价；或者从大量关于某个事件的推文中，总结出事件的主要内容和观点。多文本摘要的难点在于，输入的多篇文章之间可能存在重复、矛盾或无关的信息，而且并不是所有的文章都需要用于生成摘要。因此，如何筛选有效的输入文本，并合理地处理文本之间的关联性和顺序问题，成为多文本摘要任务中的一大挑战。

总的来说，无论是单一文本摘要还是多文本摘要，它们都是对原文信息进行提炼和总结的过程。但相比之下，多文本摘要由于涉及多篇文章的综合处理，因此其难度和复杂性要远高于单一文本摘要。

14.2 面向查询 VS 非面向查询

有时候，我们的目标不仅仅是提炼出文章的核心内容，而是想要针对某个特定的信息点来生成摘要。有这样一个场景，当人们在网上搜索关于宠物的信息时，搜索引擎展示的那些简短摘要，就是基于你的搜索关键词（也就是查询）来生成的。这种根据用户的具体需求，从大量信息中挑选出相关部分来制作摘要的方式，我们称之为"面向查询的摘要生成"（Query-focused Summarization）。

在面向查询的摘要生成过程中，我们需要两样东西：一是要摘要的原始文档，二是我们关心的特定信息或查询。然后，系统会从文档里找出和查询最相关的部分，并基于这些部分来生成摘要。相比之下，那种不特定于任何查询，只是简单地提炼出文章大意的摘要，我们称之为"非面向查询的摘要生成"（Generic Summarization）。

举个例子，新闻报道的标题通常就是一种非面向查询的摘要。它们不针对任何特定的查询，而是概括性地反映了整篇报道的核心内容。所以，这样的摘要生成任务，我们可以说是非查询导向型的。

15
命名实体识别：助力多领域 NLP 应用的信息提取（深度挖掘文本中有价值的信息，为多领域应用提供强大支持）

15.1 什么是命名实体识别

命名实体识别（Named Entity Recognition，NER），也被亲切地称为命名实体提取，是自然语言处理领域中的一项基础而关键的技术。当我们阅读一篇文章或一段文字时，大脑能够轻松地区分出人名、地名、机构名等重要信息，而命名实体识别技术就是让计算机学会做同样的事情。

简单来说，NER 的任务就是从文本中"挖出"那些具有特定意义的命名实体，比如人物的名字、地点、组织机构、时间日期等，然后给它们贴上预先定义好的标签。就像给文本中的每个重要角色和场景都打上"身份证"，让计算机能够更准确地理解和处理这些信息。如图 15-1 所示，"王大伟是河北省张家口市怀来县出身的美术设计师"这句话中，NER 技术会智能地识别出"王大伟"是一个人名，所以给它贴上"人名"的标签；同样，它也会发现"张家口市"是一个地名，于是给它打上"地名"的标签。这样，计算机就能更加清晰地知道这句话中提到的关键信息是什么，以及这些信息属于什么类型。

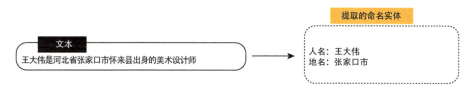

图 15-1 命名实体识别任务中的输入输出示例

在信息提取领域的项目中，我们经常遇到各种类型的命名实体，这些实体对于理解和分析文本数据至关重要。以 MUC（Message Understanding Conference）为例，该项目定义了一系列基本的命名实体类型，为后续的信息提取工作奠定了坚实基础。

具体来说，MUC 所定义的命名实体包括八大类：组织名称（Organization）、人名（Person）、地名（Location）、日期表示（Date）、时间表示（Time）、金钱表示（Money）、比例（Percent）以及固有物名（Artifact）。这些基本类型覆盖了文本中大部分重要的实体信息，为信息提取和文本分析提供了有力支持。

为了更深入地挖掘文本中的信息，研究者在这些基本类型的基础上，进一步扩展和优化，构建了扩展命名表示层级（Extended Named Entity Hierarchy）。这一层级包含了多达 150 种不同的命名实体识别类型，极大地丰富了信息提取的维度和深度。

扩展命名表示层级的建立，不仅提高了信息提取的准确性和全面性，还为后续的文本分析、数据挖掘等应用提供了更加丰富的数据支持。这种层级化的命名实体表示方法，不仅有助于我们更好地理解文本内容，还为自然语言处理领域的深入研究开辟了新的方向。从 MUC 定义的八大基本命名实体类型到扩展命名表示层级的 150 种类型，这一发展过程体现了信息提取领域对于命名实体识别的不断深入和优化。

在现实生活里，当人们着手构建一个命名实体识别系统时，会发现这个系统的标签种类和数量会随着要分析的文本内容和所属领域的不同而有所变化。举个简单的例子，如果人们关注的是金融新闻的报道，系统就需要能够识别和提取出企业名字、金融产品名称等关键信息；而如果处理的是医疗领域的电子病历，那系统则需准确捕捉疾病名称、使用的药物、进行的手术以及涉及的医院名称等细节。

为了适应这些不同的需求，人们首先需要建立一个与特定领域相匹配的数据集。这个数据集就像是一个"学习样本"，里面包含了大量已经标注好的文本，告诉系统哪些词或短语是重要的，以及它们分别属于哪一类实体。有了这样的数据集就可以开始训练模型了。模型通过学习和分析数据集中的信息，它会逐渐学会如何准确地识别并提取出人们关心的那些实体。这样，当我们把新的、未经标注的文本输入系统时，它就能自动地、准确地找出所有重要的信息了。所以，要构建一个好用的命名实体识别系统，关键在于准备好一个高质量的数据集，并训练出一个聪明的模型来与之匹配。这样，无论我们面对的是金融新闻还是医疗病历，系统都能成为我们得力的助手。

15.2 有哪些基本任务

在构建命名实体识别数据集的过程中，务必重视任务设计的环节。原因在于，数据集的构建策略与模型的实现细节均会依据具体任务的性质而有所差异。以下便是一些命名实体识别领域中具有代表性的任务示例。

1. Flat NER

Flat NER，即扁平命名实体识别，是命名实体识别任务中的一种基础形式。在这个设定中，文本中的命名实体标签不会重叠，每个命名实体都只会被赋予一个唯一的标签，并且这些实体都是连续的，不会被分割。

如图 15-2 所示，当我们遇到"王大伟"这个名字时，我们会给它打上"人名"的标签；同样地，对于"张家口市"这样的地名，我们会赋予它"地名"的标签。在这个过程中，不存在一个命名实体同时被多个标签标记的情况，每个实体都有明确的界限和归属。

王大伟是河北省张家口市怀来县出身的美术设计师

人名   地名

图 15-2 Flat NER 示例

由于 Flat NER 对命名实体标签的使用有着严格的限制，这使得标签之间的变化相对较小，数据的构建也变得更加一致和稳定。这样的特点不仅有利于我们建立一个高质量的数据集，还为我们构建准确、高效的命名实体识别模型提供了便利。Flat NER 以其简洁明了的特点，在命名实体识别领域扮演着重要的角色。

2．Nested NER

在 Nested NER 文本上命名实体识别标签有重复的情况，不过，是只存在连续的命名实体识别的设定的命名实体识别任务。

如图 15-3 所示，以"岳阳楼始建于东汉建安二十年"这句话为例，我们可以发现其中包含了两个命名实体："岳阳"和"岳阳楼"。在这里，"岳阳"被识别为地名，而"岳阳楼"则被识别为设施名。这两个命名实体在文本上有部分重叠，即"岳阳楼"包含了"岳阳"这一部分。

岳阳楼始建于东汉建安二十年

地名   时间
设施名

图 15-3 Nested NER 示例

这种命名实体部分重叠的情况，在命名实体识别任务中并不罕见。它给我们带来了一个挑战：在追求命名实体识别的严密性时，我们该如何准确地界定和赋予这些实体以合适的标签呢？这确实是一个需要细致调节的问题。

与 Flat NER 相比，处理这种部分重叠的命名实体识别任务难度更大。在 Flat NER 中，命名实体标签不会重叠，每个实体都有明确的界限和归属。但当我们遇到部分重叠的命名实体时，就需要更加谨慎地处理标签的分配问题，以确保识别的准确性和一致性。

因此，构建能够处理此类复杂命名实体情况的数据集与模型面临着更大的挑战。这要求在设计数据集的标注规则时，必须采取更为精细化的方法，从而确保每一个命名实体都能被准确无误地识别和归类。此外，为了应对命名实体部分重叠所带来的识别难题，还需要研发出更为先进的算法与模型。

3. Discontinuous NER

Discontinuous NER 是一种特殊的命名实体识别任务，其特点在于它关注文本中命名实体标签不连续的情况。以具体实例来说，在句子"10 月 1 日和 2 日是大家放假的时间"中，若目标是提取"10 月 1 日"与"10 月 2 日"作为时间实体，这便属于 Discontinuous NER 的应用范畴（见图 15-4）。

10月1日和2日是大家放假的时间

时间
　　　　　时间

图 15-4　Discontinuous NER 示例

与 Nested NER 相似，Discontinuous NER 代表了命名实体识别领域的一个更高层次挑战，要求更为精细和严密的识别能力。然而，这种任务的复杂性也意味着数据集的构建和模型的开发将面临更大的困难。为了有效应对这些挑战，研究者们需要不断探索和创新，以期在 Discontinuous NER 领域取得更多的突破和进展。

除了上述提到的类型，研究者们还提出了多种多样的命名实体识别任务。然而，在实际应用中，由于 Flat NER 的简洁性和高效性，它通常被作为首选方法。在项目启动之初，如果没有特殊的需求或理由，采用 Flat NER 往往是一个明智的选择。

在构建命名实体识别数据集的过程中，为了确保数据的一致性和准确性，通常需要制定一系列明确的标注规则。这些规则中，关键的一点就是要求命名实体标签不重复，并且只处理连续的命名实体。这样的要求有助于减少标注过程中的歧义和错误，提高数据集的质量。

此外，为了指导标注人员正确地进行标注工作，通常会编写一份详细的标注指南或主题指南。这份指南中，会明确列出上述的标注规则，包括对命名实体标签不重复和连续性的要求，并可能进一步对表格等特殊格式的处理提出具体的建议或限制。这些措施都是为了确保数据集的标注工作能够顺利进行，从而为后续的模型训练和应用提供坚实的基础。

15.3　解决任务的基本方法

1. 系列标签法（Sequence Labeling Approach）

系列标签法这种方法巧妙地对文本中的每个词汇或符号（我们称之为"词元"）赋予特定的标签，从而揭示出隐藏在文字背后的实体信息，比如人名、地名、时间等。

如图 15-5 所示，当看到这样一句话："海岛市文化广场将在 2024 年度组织修建。"系列标签法的任务就是为这句话中的每个词找到一个合适的标签。例如，"海岛市文化广场"可能被标记为"设施名"，而"2024 年度"则可能被标记为"时间"。这样，通过预测与原始文本长度一致的标签序列，就能轻松提取出关键信息。

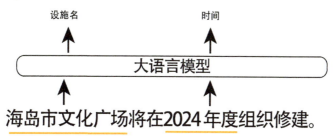

图 15-5　系列标签法示例

然而，系列标签法的魅力并不仅限于此。在实际应用中，我们发现标签之间往往存在着某种联系或规律。为了捕捉这种微妙的关系，研究者们引入了条件概率场（Conditional Random Field，CRF）这一强大工具。CRF层被巧妙地添加到模型的最终层，它能够考虑标签之间的迁移，进一步提升模型的性能。这就像是在模型的基础上加上了一层智慧的滤镜，让它能够更敏锐地捕捉到标签之间的细微差别。

不过，值得注意的是，系列标签法虽然强大，但它也有自己的局限性。尤其是在处理 Nested NER 和 Discontinuous NER 时，这种方法可能会显得有些力不从心。对于这些复杂情况，需要寻找更为精细的解决方案。

2. 跨度基础法（Span-based Approach）

跨度基础法是针对字符串或词元串的任意范围（跨度）对标签进行分类的方法。如图 15-6 所示，有一串词元（Tokens），这些词元可能是文本中的单词、子串或字符。跨度基础法正是基于这些词元之间的任意范围（即跨度）来对标签进行分类的。具体来说，它不仅仅关注单个词元，而是将目光投向了词元之间的组合与关系。

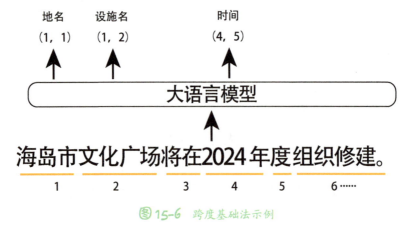

图 15-6 跨度基础法示例

我们可以看到一系列词元位置，如(1,1)、(1,2)、(4,5)等，这些数字对代表了词元的起始位置和结束位置。通过列举这些位置跨度，我们能够获得相应的跨度表示。这些表示中蕴含了丰富的信息，使得模型能够据此预测出各个跨度的标签，比如(1,1)是"地名"，(1,2)是"设施名"，而(4,5)则是"时间"。

3. 生成法（Generative Approach）

如果有一种巧妙的方法来从一段文字中精准地找出特定的信息，比如地名、设施名或是时间，而且这个方法还能轻松应对那些结构复杂的命名实体，比如 Nested NER 或是 Discontinuous NER，是不是很不错？其实，这就是马上要介绍的——基于生成法的命名实体识别技术。

简单来说，这项技术就像是给计算机配了一副超智能的眼镜，让它能够一眼就看出文字中的"重点"。它是怎么做到的呢？关键在于输入的两个东西：一个是待处理的字符串，另一个则是一串特殊的词元。这些词元就像是密码，告诉计算机哪里是命名实体的开始，哪里是结束，以及这个实体具体是什么类型，比如地名、设施名还是时间。

如图 15-7 所示，有一段文字，我们的方法可能会生成这样的输出："(1,1)地名，(1,2)设施名，(4,5)时间"。这里的数字对表示了命名实体在文字中的起始位置和结束位置，而后面的标签则揭示了这些实体的身份。

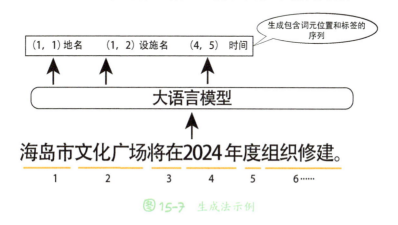

图 15-7　生成法示例

要实现这一功能，我们得感谢那些强大的语言模型，特别是像 T5 这样的编码器-解码器结构的大语言模型。它们就像是超级大脑，能够理解和处理复杂的语言信息。虽然目前这种方法在性能上还没有比其他方法好太多，特别是对于结构不那么复杂的命名实体识别任务，大家还是更倾向于使用系列标签法或是更基础的方法。但是，别忘了，生成法与近年来大放异彩的 GPT-4 等解码器结构的大语言模型可是很兼容的。这意味着，随着技术的不断进步，生成法很可能会成为未来的主流。

16

语句嵌入：优化文本处理与理解技术（发掘语句嵌入的应用潜力，提升智能系统的服务能力）

16.1 什么是语句嵌入

语句嵌入（Sentence Representation），简单来说，就是把句子的意思变成向量的方法。就像给每个单词找一个特别的"数字标签"（词嵌入）那样，现在，也能为整个句子找到这样一个"数字标签"了，这个标签就是语句嵌入得到的向量。词嵌入是给单个单词分配一个向量，这个向量能够捕捉到这个单词的一些语义信息。而语境化词嵌入呢，更是考虑到了单词在句子中的上下文环境，给出来的向量就更加精准了。

但是，当人们想要处理的是整个句子，而不仅仅是单个单词时，该怎么办呢？这时候，语句嵌入就大显身手了。它能把一个由多个单词组成的句子，变成一个简洁明了的向量。这个向量里，可是蕴含了整个句子的意思。而且，和词嵌入一样，语句嵌入也有个很厉害的地方，那就是它能让意思相似的句子，得到的向量也相似。这样一来，计算机就能更容易地理解和比较不同的句子了。

16.2 解锁语义相似度计算，赋能智能问答

　　语句嵌入不仅能把句子的意思变成数字向量，它还有个超棒的应用——计算句子对的语义相似度。如果能根据句子嵌入得到的向量，轻松地比较两个句子的意思有多像，那将会非常方便。这种能力，可是让文档检索和文档聚集变得简单多了。以前，人们可能只能根据单词的字符串来匹配文档，就像用 **TF-IDF** 那样，虽然也能找到一些相关的文档，但有时候结果可能并不那么准确。因为，毕竟单词的字符串只是文本的表面形式，它并不能完全代表文本的真正意思。图 16-1 是词嵌入与语句嵌入的一个例子。

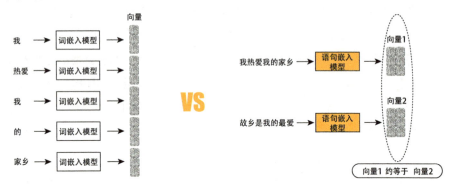

图 16-1　词嵌入和语句嵌入的例子展示

　　图中左侧是词嵌入的例子，模型将每个词转化为独立的词向量。图中右侧是语句嵌入的例子，语句嵌入模型对意思相似的句子"我热爱我的家乡""故乡是我的最爱"给出相似度高的两个向量。

　　所以说，有了语句嵌入之后，一切都发生了改善。它让人们能够更深入地理解文本的意思，从而进行更加精准的文档搜索。就像用一个超级聪明的"文本理解器"来帮人们找资料，它不仅仅看单词，更看重句子的整体意思。

这样一来，人们找到的文档，就更可能是人们真正想要的了。

目前，语义相似度计算的应用例子主要有 FAQ 搜索和社区型问答（Community Question Answering）。例如，当访问一个企业或公共团体的网站，面对琳琅满目的"常见问题解答（FAQ）"时，是不是希望有个智能小帮手能立刻找到我们最关心的那个问题？或者，在浏览那些拥有成千上万条问答记录的社区网站时，如果能有个系统自动推送出和我们心里疑问最匹配的答案，将会多么方便。

这就是语义相似度计算的优势所在。这项技术能像变魔术一样，从海量的问答内容中，精准地找出与人类输入问题意思最接近的那个，无论是 FAQ 列表还是问答社区的广阔海洋里。

更神奇的是，现在越来越流行的聊天机器人，它们在进行自动化咨询服务时，也是靠这项基础技术在背后默默支撑呢。就像是机器人的大脑，让它能理解你的意思，给出贴心又准确的回答。

值得一提的是，语句嵌入能像变戏法一样，把人们平常说的句子转化成一个个数字组成的向量。这些向量可不简单，它们能作为"秘密武器"，帮助解决很多其他相关的问题，就是所谓的迁移学习。比如说，如果想对一堆文档进行分类，或者想知道某段文字表达的是开心还是伤心，这时候语句嵌入就大显身手了。它先把句子变成向量，然后这些向量就能作为特征，喂给像多层感知器这样比较简单的模型。这样一来，即使模型本身不是特别复杂，也能轻松应对文档分类、情感分析这些任务。最棒的是，这种方法还特别省钱省力。如果每次遇到新问题都得从头开始调整一个超大的语言模型，那得多麻烦。但有了语句嵌入，就能用比较小的成本，解决一大堆问题，确实非常方便。

17

大语言模型 API 框架生态：打造智能应用部署新范式（基于 RAG、LangChain 和分布式的创新工具与生态系统建设）

17.1 为什么要重视 API 框架生态

为什么要格外关注大语言模型的 API 框架生态？这里我们先引出一个场景。假设你有一个超级聪明的朋友，他读过很多书，知道很多事情。但是，就像所有人一样，他的记忆力也是有限的。有时候，你问他一些问题，他可能立刻就能给出答案，因为这些信息他之前已经接触过并且记住了。但如果你问的是一些他从未接触过的、需要新知识的问题，他可能就会感到困惑，无法给出满意的回答。

大语言模型，就像这个超级聪明的朋友，也是通过学习和记忆大量的文本来获取知识的。它们能够理解和生成人类语言，回答各种问题，甚至进行创作。但是，由于它们的"记忆力"（即模型参数）有限，当面对一些需要新知识或未知指示的问题时，它们也可能"束手无策"。那么，我们该怎么办呢？难道就让大语言模型停留在这种"有限知识"的状态下吗？当然不是！

为了解决这个问题，人们提出了一种叫作 RAG（Retriever-Augmented Generation）的方法，也就是"增强检索的生成"。这种方法将大语言模型与信息检索技术巧妙地结合在一起，就像给你的超级聪明朋友配了一个超级强大的搜索引擎。

当大语言模型遇到它不懂的问题时，它可以通过这个搜索引擎，在庞大的知识库中快速找到相关的信息和答案。然后，它再结合自己的语言生成能力，给出更加准确、全面的回答。而要让这一切成为可能，就需要一个强大、灵活、易用的 API 框架生态来支撑。这个生态就像是一个桥梁，连接着大语言模型、信息检索技术和各种应用场景。它能够让开发者们更加轻松地构建、优化和部署各种智能应用，从而让大语言模型的能力得到充分的发挥和扩展。

所以，重视大语言模型的 API 框架生态，就是重视智能应用的未来。只有不断推动这个生态的发展和完善，我们才能让大语言模型更好地服务于人类，为我们的生活带来更多的便利和惊喜。

以 ChatGPT 为例，这个广为人知的大语言模型，拥有着一个令人惊叹的特点——它包含了海量的参数。这些参数不仅让 ChatGPT 能够流畅地回答用户提出的各种问题，更令人称奇的是，它还能准确回应关于真实世界中人物、物品及事件的询问。

那么，ChatGPT 是如何做到这一点的呢？其实，这背后的秘密就藏在它的学习数据中。在构建 ChatGPT 的过程中，它会被 "喂养" 大量的文本信息，这些文本涵盖了广泛的主题，从日常对话到专业知识，无所不包。而正是这些丰富的文本数据，让 ChatGPT 得以接触到大量与真实世界紧密相关的信息。当 ChatGPT 在学习这些数据时，它不仅仅是在学习自然语言的知识，更在悄悄地吸收和记忆那些以单词序列形式出现的真实世界知识。这些知识，就像是一颗颗宝贵的珍珠，被巧妙地编织进了 ChatGPT 的参数权重中。

然而，令人遗憾的是，尽管 ChatGPT 功能强大，但在回答有关真实世界的问题时，有时也会出错。这背后的原因其实很简单：将真实世界的全部知识都灌输给 ChatGPT，是一项不可能完成的任务。毕竟，真实世界的知识浩如烟海，无穷无尽。

正因为如此，包括 ChatGPT 在内的众多大语言模型，在面对未知知识或超出其学习范围的问题时，可能会产生与事实不符的回答。这种现象被称为"幻觉"，是大语言模型研究中的一个重要课题。

　　"幻觉"问题的出现，主要是因为大语言模型在回答问题时，会基于其学习到的知识和模式进行推断。当遇到未知或模糊的信息时，模型可能会"猜测"或"创造"出答案，而这些答案往往并不准确或不符合事实。为了解决这个问题，研究者们正在不断探索新的方法和技术，以提高大语言模型的准确性和可靠性。例如，通过结合信息检索技术，让模型在回答问题时能够实时查找和参考相关知识和信息，从而减少"幻觉"现象的发生。

17.2　RAG：结合信息检索的方法创新

　　这里正式介绍一下 RAG（Retrieval-Augmented Generation，检索增强生成）的方法。RAG 是通过将大语言模型与信息检索技术组合利用，以得到更准确、更容易控制的输出为目的，进行大语言模型扩展的手法。

　　图 17-1 对比展示了传统大语言模型的推理过程与一种更为先进的系统——检索增强生成（RAG）模型的推理流程。在 RAG 模型中，创新性地融入了一个名为"搜索器"的关键组件，对传统模型进行了升级。

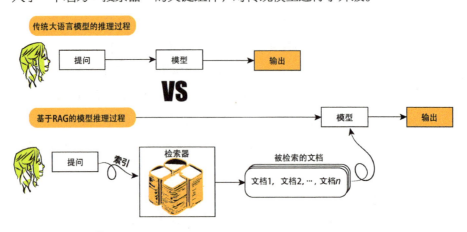

图 17-1　传统大语言模型推理与基于 RAG 的模型推理

当你向一个传统的大语言模型提问时，它会直接根据自己的内部知识和算法来给出答案。但在 RAG 模型中，这个过程变得更加智能和高效。首先，搜索器会把你提出的问题当作一个搜索查询，去广阔的外部知识库中寻找相关信息。这些外部知识库就像是一个个巨大的图书馆，里面藏着各种各样的书籍和资料。

搜索器会迅速筛选出与你的问题最相关、最有价值的文档，然后把这些文档和你的原始问题一起，作为输入信息传递给大语言模型。这样，语言模型在生成答案时，就不仅仅依赖于自己内部的知识了，还能利用这些外部检索到的宝贵信息。这样一来，RAG 模型就能更加准确、全面地理解和回答你的问题，仿佛它有了一个可以随时查阅资料的助手，让答案更加精准和丰富。这就是 RAG 模型相比传统大语言模型的一大优势所在。

检索器通常有两个关键部分：一个是存放知识文档的地方，我们称之为数据存储；另一个是对这些文档进行整理，让它们容易被找到的结构，叫作索引。根据不同的使用需求，数据存储里的内容会有所不同。比如，做普通问答时，可能会用维基百科的文章来填充这个存储；而在企业内部，可能就存的是公司的各种文件。索引的建立要看搜索器是怎么工作的。如果是传统的全文搜索，那就会用到像 TF-IDF 或 BM 这样的方法，根据单词在文档中出现的次数来建索引。但如果搜索器是通过比较句子的相似度来工作的，那就需要建立一个存储句子向量的索引，这样搜索起来才更方便。

从 2020 年左右起，人们提出了很多关于 RAG（检索增强生成）的方法，这些方法基本上都是建立在一个类似图 17-1 展示的系统架构上的。在第 10 章讲到的问答系统实践中，我们用了问答数据集来训练一个叫作 BPR 的文档检索模型，并且把它和 ChatGPT 这样的聊天机器人结合起来，做成了一个问答系统。这其实就是遵循 RAG 系统的基本框架。

最近，有很多高性能的大语言模型和语句嵌入模型被公开了。这意味着，我们不一定非得用 ChatGPT 这样的商用大语言模型，可以自己训练搜索器用的模型。只要直接用这些公开的大语言模型和语句嵌入模型，就能构建一个挺好用的 RAG 系统。

17.3　RAG 对大语言模型进化的影响

大语言模型通过其参数结构来存储所学知识，但这种方式存在固有的局限性，即模型的知识容量有限。当遇到模型中未包含的知识，特别是那些在学习数据中罕见的信息时，大语言模型可能会给出与事实不符的答案。为了克服这一挑战，RAG 框架被引入。在此框架下，大语言模型能够利用外部知识源，通过检索相关文档来辅助生成答案。这种方法相较于仅依赖模型内部知识，能更有效地确保输出内容的真实性，从而显著提升答案的准确度和可靠性。

ChatGPT 等大语言模型，通常基于其参数中存储的知识来生成输出，这使得用户难以追溯模型输出所依据的具体信息源。尤其当这些商用大语言模型的学习数据保持非公开状态时，验证模型输出内容的准确性及了解其数据来源变得更加困难。相比之下，RAG 框架通过直接展示检索到的文档内容作为模型生成输出的依据，显著提高了输出内容正确性的可验证性。此外，这种方法还增强了使用大语言模型进行沟通时的透明度，让用户能够更清楚地了解模型是如何得出其结论的。因此，RAG 不仅提升了答案的准确性，还促进了用户对模型决策过程的理解和信任。以文心一言（文小言）为例，当我们输入一个问题时，系统会展示检索的信息来源（见图 17-2）。

图 17-2　文心一言（文小言）大语言模型中，当输入问题后，模型输出答案的同时，也会展示搜索到的参考信息来源，增加了答案的可信度和透明度

　　如果大语言模型的学习数据中不慎包含了个人信息或存在版权问题的数据，这些信息很可能会在其输出中体现出来。通常情况下，要从已经训练好的大语言模型中删除特定信息极为困难。此外，即使我们试图在重新训练模型时排除这些有问题的数据，由于难以追溯模型输出的具体依据，准确识别出哪些数据是不良输出的源头也变得异常艰巨。

　　然而，在 RAG 框架中，若大语言模型的输出包含了不希望出现的信息，我们可以轻松地验证这些信息是否源自外部知识库。这使得问题的区分变得简单明了。一旦发现外部知识源存在问题，我们只须对数据存储中的相关文档进行修正和更新，而无须对整个模型进行重新训练，从而高效地解决问题。

　　当然，大语言模型就像一个超级大脑，但它学的东西都是"历史课"上的内容——只包含到某个时间点为止的信息。所以，就算这个超级大脑能记住所有学过的知识，对于新发生的事儿，比如最新的新闻或者流行趋势，它就有点力不从心了。换句话说，单靠一个大语言模型，很难跟上时代的步伐，聊起时事来可能会显得"过时"。

不过，换个角度看，如果不追求信息的时效性，而是想让这个超级大脑在某个专业领域里大展拳脚，或者让它处理一些个人独有的数据，那就得给它"开小灶"。因为大多数公开发布的大语言模型，它们的学习材料都是广泛而不特定的文本，就像是上了个"通识教育课"。要想让它们在某个专业领域里变得厉害，还得给它们"加餐"，进行额外的训练。

这时候，RAG（检索增强生成模型）就像是个灵活的学习小助手。它不需要重新训练整个大脑，只需要更换一下搜索的目标——外部的知识源，就能让大语言模型轻松掌握新知识。这意味着，RAG 让大语言模型在不同领域里都能表现出色，而且不需要额外花时间去"补课"。这样一来，无论是哪个领域的新知识，大语言模型都能迅速跟上，保持它的"智慧"永远在线！

众所周知，大语言模型就像是个超级聪明的学霸，它的"脑袋"里装的参数和学过的数据量越多，表现得就越出色。如果想让这个学霸学到更多东西，不仅要给它提供更多的学习材料，还得让它的"脑袋"变得更大，也就是增加模型的参数量。要让大语言模型展现出顶尖的性能，通常需要它的"脑袋"里装上数十亿甚至数百亿的参数，这简直就像是个超级大脑！不过，要训练这样一个庞然大物，可得用上不少高科技装备，比如好多个 GPU 机器组成的超级计算机，这样才能提供足够的计算力。

但是，有了 RAG 这个聪明的小助手，事情就变得简单多了。RAG 就像是给大语言模型准备了一个外部的知识库，它不需要让模型记住所有的知识，这样一来，模型的"脑袋"就可以稍微小一些，参数量也就不需要那么多了。所以，有了 RAG 的帮助，我们不仅能节省一些计算资源，还能让大语言模型在处理各种任务时变得更加高效和灵活。这就像是给学霸配了一个智能助手，让学习变得更加轻松和愉快！

17.4 LangChain 登场：智链地球村

LangChain 作为一个开源框架，用于构建使用大语言模型的应用程序。LangChain 项目自 2022 年 10 月启动以来，开发非常活跃，截止到 2023 年年底，GitHub 上已经有约 9 万个 star，是使用最广泛的大语言模型应用，这是一种用来进行推理的框架。在 LangChain 中，大语言模型、语句嵌入模型、搜索器等各种要素被抽象化为组件（Component）来提供。LangChain 的用户可以组合这些组件，使用 RAG 和代理等大语言模型应用可以构建。

在 LangChain 的世界里，每一个精心设计的组件都像是一位多才多艺的魔术师，它们不仅能够独当一面，还能与其他组件携手合作，共同编织出令人惊叹的"技术魔法"。这一切的奥秘，在于它们与众多外部库和服务的巧妙集成，通过一系列功能强大的 Python 类来实现。

大语言模型组件就像是拥有智慧大脑的智者，它们能够通过 API 轻松连接并驾驭来自 OpenAI、Google、百度等科技巨头的强大模型。而 Hugging Face，则像一位慷慨的导师，不仅提供了在 Hub 上琳琅满目的预训练模型供我们选择，还教会我们如何在本地环境中让这些模型生动地运行起来，亲身体验 AI 的神奇魅力。

但 LangChain 的魅力远不止于此。它还拥有能够解锁各种知识宝库的钥匙——数据存储组件。这些组件既能轻松读取并处理我们计算机里静静躺着的文本文件和 PDF 文档，又能像桥梁一样，连接起云端存储和数据库，让海量信息触手可及。无论数据以何种形式存在，无论它们藏身于何处，LangChain 都能找到合适的方式，将它们纳入囊中，为我所用。

最神奇的是，这些组件之间并非孤立存在，而是通过一个共同的接口紧密相连，形成了一个和谐共生的生态系统。这意味着，作为 LangChain 的用户，无须担心不同库和服务之间的兼容性问题，只需根据自己的需求，像拼图一样将组件组合在一起，就能轻松构建出功能强大的 AI 应用。LangChain 就像是一个充满无限可能的创意工坊，它让 AI 技术的应用变得简单而有趣。无论是初学者还是资深开发者，都能在这里找到属于自己的舞台，尽情挥洒创意，探索 AI 的无限魅力。

在将 LangChain 引入 RAG 系统后，其性能表现至关重要。我们不能仅仅因为成功实现了两者的融合就感到自满。毕竟，大语言模型的终极目标是服务于人类，而模型的性能直接决定了其成功与否。因此，我们必须高度重视引入 LangChain 后 RAG 系统的性能评估。那么，如何有效评价这一性能呢？科学家们在 RAG 的研究论文中已经提出了一些极具价值的建议。

（1）上下文的关联性

上下文的关联性对于评估检索器针对特定问题所检索文档的相关性至关重要。在 RAG 框架中，当检索到的文档与问题内容高度匹配时，大语言模型便能依据这些紧密相关的信息，更有可能生成恰当的答案。反之，如果检索到的文档与问题内容无关，不仅会对大语言模型的输出结果造成不利影响，还会导致输入模型的词元数量不必要地增多，进而增加推理过程的成本。

（2）回答的忠诚度

回答的忠实度是衡量大语言模型所给答案是否紧贴检索器提供的文档内容的一个标准。在 RAG 系统里，大语言模型是依据文档内容来生成答案的，这样做能有效避免模型"瞎猜"或产生不切实际的幻觉。当 RAG 系统把检索到的文档作为参考信息展示给用户，同时用这些文档来指导模型生成答案时，模型的回答需要和文档内容对上号才行。

（3）回答的关联性

回答的关联性，简单来说，就是看大语言模型给出的答案是不是和问题紧密相关，有没有答到点子上。我们要评判模型的回答是不是既全面又不啰唆，没有遗漏问题的关键点，也没添加多余的信息。

图 17-3 展示了 RAG 性能评估里几个关键点之间的联系，主要就是看问题、文件和回答之间能不能对上号。此外，根据上下文关不关联，我们将 RAG 里搜索器的表现分成了两部分："回答的关联性"和"回答的忠诚性"，这两块主要是用来评价 RAG 里大语言模型的表现怎么样。

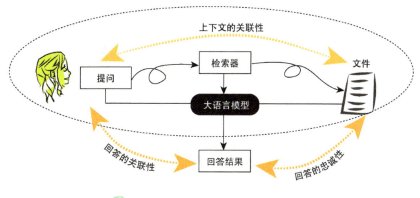

图 17-3　RAG 性能评估的观点示意图

17.5　LlamaIndex：轻松打造个性化问答聊天

你是否曾经想过，如果能有一个聊天 AI，它不仅能回答你的问题，还能根据你提供的一些私密或特定信息，给出更加精准、个性化的答案，那该有多好？现在，有了 LlamaIndex，这个愿望真的可以实现。

LlamaIndex 是一个开源库，它的作用非常强大。简单来说，它就是帮助我们把大语言模型和我们的私密或特定信息结合起来，创建一个专属于我们的聊天 AI。我们知道，大语言模型已经通过大量的公开数据进行了预训练，所以它们能回答很多通用的问题。但是，当我们有一些公司或个人的私密信息，或者是一些特定的、没有公开的数据时，大语言模型就束手无策了。这时，

LlamaIndex 就派上了用场。

　　LlamaIndex 的神奇之处在于，它能在我们提问时，快速检查、检索出与问题相关的信息，然后把这些信息插入到输入提示里。这样，大语言模型就能利用这些信息，给出更加准确、个性化的答案（见图 17-4）。而且，LlamaIndex 不仅能处理文本信息，还能处理 PDF、ePub、Word、PowerPoint 等各种格式的文档，甚至还能从百度、Twitter、Slack、Wikipedia 等互联网服务中获取信息。

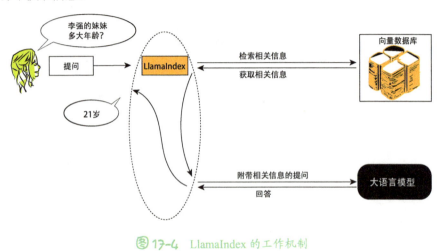

图 17-4　LlamaIndex 的工作机制

　　虽然 LangChain 也能创建类似的聊天 AI，但 LlamaIndex 特别注重问答功能，使用起来更加简单方便。只需要几行代码，就能轻松创建一个属于自己的聊天 AI。当然，LangChain 和 LlamaIndex 各有千秋，它们都有自己的擅长领域。

- LangChain 更适合构建复杂的工作流和交互式应用程序。
- LlamaIndex 则更擅长数据索引、检索和问答系统等方面。

　　所以，在实际应用中，我们可以根据具体需求和项目目标，选择合适的框架或结合使用两者，来打造更加聪明、个性化的聊天 AI。无论是处理私密信息，还是回答特定问题，它都能游刃有余。

17.6　LM Studio：你的私人 AI 实验室

在科技日新月异的今天，大语言模型正引领着人工智能领域的新潮流。然而，对于许多想要一窥其奥秘的开发者来说，如何轻松踏入这个门槛却成了一大难题。毕竟，开源模型虽好，但自行搭建环境却让人望而却步；而直接付费使用 AI 平台，又难免让人心生犹豫。那么，有没有一种既能满足好奇心，又无须太多投入的方式呢？答案就是——LM Studio（见图 17-5）。

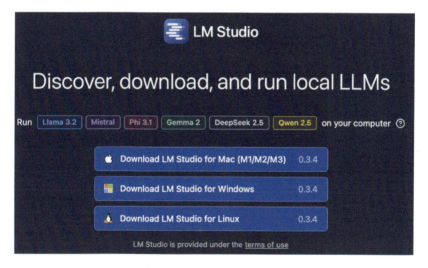

图 17-5　LM Studio 主页展示

LM Studio 是一款专为那些渴望探索各类大语言模型的用户量身定制的软件。它就像是一个私人 AI 实验室，让人们在本地环境中就能轻松玩转大语言模型。通常，只需简单几步，就能从 Hugging Face 等知名 AI 平台下载心仪的 AI 模型，并在 LM Studio 中运行起来。无须复杂的设置，模型的参数等配置都通过简洁直观的 UI 呈现，轻松上手。而且，如果我们的计算机配备了

GPU，还能享受高速运行的快感，让大语言模型在本地环境中如虎添翼。

更令人欣喜的是，LM Studio 对个人用户完全免费！用户无须担心高昂的费用，就能尽情探索大语言模型的魅力。同时，LM Studio 还非常注重用户的数据安全。所有用户数据都在本地保存，不收集、不上传，完全不用担心学习数据的泄漏问题。

无论是 Mac、Windows 还是 Linux 用户，LM Studio 都能完美支持。当然，为了获得最佳体验，计算机需要满足一些基本配置要求：支持 AVX2 的处理器、16GB 以上的 RAM 以及（如果可能的话）6GB 以上的 VRAM。别担心，这些配置在如今的 PC 市场上并不难找。想要开始大语言模型探索之旅吗？那就赶快登录 LM Studio 网站，下载并安装这款神奇的软件吧！它将成为你打开 AI 新世界大门的钥匙，让你在探索的道路上畅通无阻。

17.7 分布式学习：多 GPU 与多节点训练

大语言模型的性能跟它的参数数量有很大关系。但是，当模型变得越来越大时，用单个 GPU（就像计算机的显卡，确用于更复杂的计算）来学习就变得非常困难了。原因有两个：一是 GPU 的内存不够，二是学习需要的时间太长。比如说，有个很大的模型，参数有 90 亿，就算用上了内存很大的 NVIDIA H100 GPU（内存有 100GB），得用好几个 GPU，甚至要在不同的计算机上一起工作才行。而且，就算内存够了，用一个 GPU 学完这么多数据也得好久好久。

为了解决这个问题，人们想出了很多分布式并行学习的方法。这些方法就像不同的策略，虽然都是为了让多个 GPU 一起工作来学习大语言模型，但效果却各不相同。如果我们能理解这些方法，并且把它们巧妙地结合起来，就能让学习变得更高效。

　　大语言模型中的分布式并行学习（Distributed Parallel Training），简单来说，就是同时使用多个 GPU 来共同承担学习任务。在某些情况下，比如我们采用了量化和 LoRA 这样的技术，可能只需要一个 GPU 就能应对。但是，当我们想要提升模型性能而增加参数数量，或者决定不使用量化和 LoRA 技术时，单个 GPU 可能会因为内存限制而无法胜任。再者，大语言模型的学习往往需要处理海量数据，这导致学习过程可能异常漫长，耗时几天乃至几周都是常有的事。因此，分布式并行学习成为一个强有力的解决方案，它能有效应对内存不足和学习时间过长这两大挑战。

　　分布式并行学习之所以备受青睐，主要是因为它具备了两大显著优势：

- 首先，它打破了单个 GPU 的内存限制。例如，当你有一个超级大的语言模型，它的参数多到让单个 GPU 的内存都装不下，这可怎么办呢？别担心，分布式并行学习就是你的解决方案。它允许你使用多个 GPU 来共同承担这个任务，就像一群小伙伴一起抬一块大石头一样。比如说，像 NVIDIA H100 这样的高端 GPU，虽然它自己已经拥有了 100GB 的超大内存，但有时候还是不够用。这时候，你就可以在云服务上租用 8 枚 H100 GPU，让它们一起工作，轻松应对内存不足的问题。

- 其次，分布式并行学习还能大大缩短学习时间。例如，如果你只有一枚 GPU，学习一个大语言模型可能需要 8 天的时间，那可真是太漫长了。但是，如果你同时使用 8 枚 GPU 进行并行学习，那么学习时间就能缩短到大约 1 天！这就像 8 个人一起做饭，肯定比一个人快得多。

　　举个例子来说，你可以结合使用流水线并行和张量并行这两种分布式并行学习的方法。流水线并行就像把一个大任务分成几个小步骤，每个 GPU 负责一个步骤；而张量并行则是把数据切分成小块，每个 GPU 处理一块。这样一来，8 枚 GPU 就能像一支高效的团队一样，共同快速完成学习任务。

　　分布式学习就像是一个大团队一起完成一个大项目，其中 GPU 就像是团队里的成员，它们需要合作来完成任务。当我们在一个节点里用多个 GPU 学习时，就叫多 GPU 学习。例如，一个房间里有 4 ~ 8 人（GPU），他们一起工作，但都在同一个房间里交流，所以沟通起来很方便。

但是，如果项目太大了，一个房间的人（一个节点的 GPU）忙不过来，那就需要更多的人（更多的 GPU）加入。这时候，我们就需要多节点学习，也就是让不同房间的人（不同节点的 GPU）一起工作。每个房间的人还是像在多 GPU 学习时那样合作，但现在不同房间的人也需要相互沟通，共同完成任务。为了让大家的工作能够协调一致，每个 GPU 都需要知道其他 GPU 的进展和发现。这就像团队里的每个人都需要知道其他人的工作进度，以便调整自己的工作。所以，GPU 之间需要通信，分享它们的学习成果，比如模型的梯度等信息。

现在，假设每个节点有四枚 GPU，我们有两个这样的节点。那就像是有两个房间，每个房间有四个人。为了方便管理，我们选一个人（比如节点 0 的 GPU0）作为团队的队长，负责协调大家的工作。同时，为了避免和其他团队混淆，我们需要给这个团队分配一个独特的端口号，就像给团队分配一个专属的会议室一样。最后，因为总共有 8 个人（8 个 GPU）在工作，所以我们的团队规模（World Size）就是 8。这样，每个人都知道自己在这个大团队中的位置和角色，大家一起努力，就能更快更好地完成任务了（见图 17-6）。

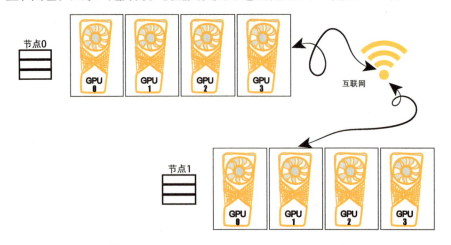

图 17-6　大语言模型分布式学习的配置示例图

展望篇
迎接大语言模型

随着科技的飞速发展，大语言模型正逐步成为新一代技术平台的核心驱动力。这一技术不仅重塑了互联网的交互体验，更在医疗、零售、教育等多个垂直行业中展现出巨大的创新应用潜力。从医疗领域的跨越式融合，到 AI 病理诊断的未来健康探索，再到为下一代教育提供精准建议，大语言模型正深刻改变着我们的生活。然而，其广泛应用也伴随着隐私安全、社会伦理与公平等挑战。展望未来，大语言模型的技术突破将不断涌现，从 AI 监控街道交通到解析通缉犯特征，都将为人类社会带来前所未有的变革。在这一背景下，我们期待大语言模型技术能够更好地服务于人类，促进社会的和谐与进步，共同迎接一个更加智能、便捷的未来。

18
大语言模型对未来互联网的影响（大语言模型技术将推动新一代技术平台的形成）

18.1 新一代技术平台的构建

随着科技的快速发展，互联网的基础设施正在发生巨大变化。在这场变革中，大语言模型、更智能的内容生成和搜索推荐系统，以及 AI 与物联网的结合，都成为新技术平台的重要组成部分。

大语言模型之所以能成为互联网基础设施的一部分，主要是因为它们能很好地理解和生成语言。就像 OpenAI 的 GPT-1 和 Google 的 BERT，这些大模型通过先预训练再微调的方式，让 AI 的能力更强，适应更多场景，为新一代人工智能的发展打下了坚实基础。这些模型有数十亿甚至更多的参数，让它们能更自然地与人交流。而且，大语言模型在训练和使用过程中，也离不开网络技术的支持。比如高效的网络结构和路由方法，还有大规模 GPU 并行训练等，都是让大语言模型运行得更好的关键技术。这些技术的发展不仅让大语言模型训练得更快、性能更好，还降低了成本，使得大语言模型能在更多领域得到应用。

随着大语言模型的引入，内容生成、搜索和推荐系统也迎来了智能化升级的新时代。

- 在内容生成方面，大语言模型能够生成连贯、有意义的文本，极大地提高了内容生成的效率和质量。例如，在新闻撰写、广告创意生成等领域，大语言模型已经展现出了其强大的潜力。通过输入少量的关键词或指令，大语言模型就能快速生成符合要求的文本内容，为内容创作者提供了极大的便利。

- 在搜索系统方面，大语言模型通过理解用户查询的语义含义，能够更准确地把握用户的搜索意图，从而提供更加精准、个性化的搜索结果。这种转变不仅提高了搜索效率，也极大地改善了用户体验。例如，微软的新必应搜索引擎就集成了 ChatGPT 技术，实现了对话式搜索的功能，让用户能够以自然语言的形式与搜索引擎进行交互。

- 在推荐系统方面，大语言模型通过对用户历史行为数据的深度挖掘和分析，能够更准确地了解用户的兴趣和偏好变化，从而为用户推荐更加符合其需求的内容。这种精准推荐算法不仅提高了用户的满意度和黏性，也促进了内容的多样化和繁荣。

随着大语言模型的广泛使用，内容制作、搜索和推荐系统都变得更智能了。

- 在内容制作上，大语言模型能很快生成出既连贯又有意义的文字，这让内容制作变得更快、更好。比如，写新闻、想广告点子时，只要给大语言模型一些关键词或简单指示，它就能迅速生成你想要的文本，帮了内容创作者大忙。

- 在搜索系统上，大语言模型能更懂用户输入的意思，从而更准确地猜到用户想找什么，给出更精确、更个性化的搜索结果。这样一来，搜索变得更高效，用户体验也更好了。就像微软的新必应搜索引擎，它用了 ChatGPT 技术，能让用户像聊天一样和搜索引擎对话。

- 在推荐系统上，大语言模型能深入分析用户以前的行为数据，更准确地知道用户的喜好变化，然后给用户推荐更合他们胃口的内容。这种精准推荐不仅让用户更满意、更愿意留下来，也让内容更加丰富多彩。

AIoT（人工智能物联网）作为物联网技术与人工智能技术结合的产物，正在成为新一代信息技术的代表。而大语言模型的应用，则为 AIoT 生态系统的发展注入了新的动力。

- 首先，大语言模型在物联网设备的互联互通中发挥着重要作用。通过理解设备的指令和反馈信息，大语言模型能够实现设备之间的智能交互和协同工作，从而提高整个系统的运行效率和智能化水平。
- 其次，大语言模型在数据处理和分析方面也展现出了强大的能力。物联网设备产生的海量实时数据需要得到有效的处理和分析才能发挥其价值。而大语言模型通过对这些数据的学习和理解，能够挖掘出其中的规律和模式，为决策提供有力的支持。
- 最后，大语言模型在促进 AIoT 生态系统的发展中还发挥着创新推动者的作用。通过引入新的技术和算法，大语言模型能够不断拓展 AIoT 的应用场景和商业模式，为整个生态系统的持续繁荣提供源源不断的动力。

大语言模型、内容生成与搜索推荐系统的智能化升级以及 AIoT 生态系统的发展共同构成了新一代技术平台的核心要素。这些技术的发展不仅推动了互联网基础设施的升级换代，也为各行各业带来了前所未有的机遇和挑战。

18.2 互联网交互体验的重塑

仅需轻声细语，我们的需求便能被智能设备瞬息捕捉，无论是探寻天气、畅享音乐，还是设定提醒，一切操作皆如行云流水般自然。这一非凡变革，归功于自然语言处理技术的飞跃式进步，它赋予了机器理解并回应人类语言的能力，从而极大地简化了人机交互的复杂流程。随之而来的是用户界面的不断演进，从最初的命令行界面，到图形用户界面（GUI）的普及，再到如今语音用户界面（VUI）与手势控制的兴起，每一次革新都致力于使操作更加直观易用，贴近人性。智能助手、聊天机器人等应用的广泛渗透，更是让用户无须繁复学习即可轻松驾驭，尽享人性化的互联网服务体验。

在浩如烟海的互联网信息中，如何迅速锁定有价值的内容？个性化服务与内容精准推送技术提供了解决方案。通过深度分析用户的浏览轨迹、搜索历史、购买行为等多维度数据，算法能够精准描绘出用户的兴趣轮廓，并据此推送量身定制的内容与服务。这意味着，当你开启新闻应用，映入眼帘的将是更多你感兴趣的新闻资讯；在购物网站游历，推荐的商品将更加贴合你的个人喜好。这种个性化的体验不仅显著提升了用户满意度，也为内容创作者与商家开辟了精准营销的新路径，实现了双方共赢的局面。

在全球化日益加深的今天，跨语言沟通成为联结不同文化与国家的关键纽带。互联网技术的不断突破，尤其是机器翻译技术的飞速发展，使得语言障碍不再是交流的绊脚石。实时翻译软件、智能耳机等创新设备，能够即时实现语言的无缝转换，让人们在多元语言环境中自由畅谈。这不仅极大地促进了国际商务合作与文化交流，也让全球互联网更加紧密地融为一体。无论是探索新知、结交国际友人，还是享受全球范围内的优质资源与服务，都变得前所未有地轻松与便捷。

19

大语言模型在各行业的应用前景（大语言模型在医疗、金融、教育等垂直行业的创新应用和潜力）

19.1 医疗与 AI 跨越式融合与创新

在当今的医疗科技前沿，一类创新性的"图像诊断支援 AI"正逐渐崭露头角，它们以惊人的能力协助医生分析 X 光图像与血液成分检测结果，为医疗诊断领域带来了革命性的变化。这些智能辅助工具不仅具备"亲眼观察"的能力，即通过先进的图像识别技术解读医学影像，还能在一定程度上模拟医生与患者交流的过程，虽然这种交流更多体现在对患者数据的深度理解和分析上。这一结合视觉与"对话"特性的医疗器械，已经在众多临床实践中赢得了认可，成为医生诊断过程中的得力助手。

传统上，医生的诊断依赖于丰富的个人经验、深厚的医学知识以及对患者病情的细致观察。而现在，随着 AI 技术的融入，这一过程得到了极大的丰富和增强。AI 系统能够基于海量的历史医疗数据，学习并积累诊断前的各种经验与知识，从而在面对新病例时，能够迅速而准确地提供初步判断或辅助诊断意见。

尤为引人注目的是，AI 在分析患者复杂病情方面的潜力。正如古代名医通过望闻问切全面了解患者状况一样，现代 AI 系统能够细致地梳理并分析来自不同渠道的医疗信息，包括但不限于 X 光片、血液检测报告等，进行综合考量。这一过程不仅提高了诊断的准确性，还有助于发现那些可能被人眼或传统方法遗漏的癌症早期征兆，为及早治疗、提高生存率开辟了新途径。

更令人振奋的是，随着技术的不断进步，我们正逐步迈向一个由 AI 医生辅助，甚至在某些情况下独立进行复杂诊断的新时代。这些 AI 医生，基于深度学习和大数据分析，能够挖掘出人类难以察觉的疾病模式，为实现对未知癌症征兆的综合诊断提供可能。虽然这一愿景的实现还需时日，并且始终需在确保患者数据安全与隐私的前提下进行，但它无疑为医疗行业的未来发展描绘了一幅激动人心的蓝图，预示着个性化、精准化医疗时代的到来。以下是几个更加详细的案例描述。

从问诊到诊断的未来展望，人们勾勒出一幅 AI 医生与患者互动的新图景。在这一未来场景中，AI 不仅参与问诊过程，还辅助甚至在某些情况下独立完成诊断，这样的技术革新正逐步渗透至各类医疗现场。当前，人工智能的研发正以前所未有的速度推进，旨在实现这一医疗领域的重大变革。利用图像深度学习的技术，人们开发出了能分析 X 光和 MRI 图像的 AI。这个 AI 就像个超级学生，它通过学习大量的图像资料，能够非常准确地找出图像中的异常，它的表现几乎和医生一样好（见图 19-1）。

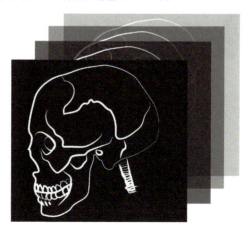

图 19-1　MRI，全称为磁共振成像（Magnetic Resonance Imaging）。通过分析图像，发现脑部异常点

　　AI 正在医疗领域大显身手，特别是在血液数据分析上。研究人员正利用 AI 技术，通过分析患者的血液样本，希望能更早地发现癌症的踪迹。不止于此，现在已经有 AI 系统能够根据患者的症状和输入的信息，智能地判断疾病名称，并给出相应的治疗方法。这些 AI 还能生成电子病历，方便医生查看和管理。更厉害的是，它们还能综合患者的病史、就医经历等信息，为患者量身定制最佳的治疗方案（见图 19-2）。总之，AI 在医疗领域的研究和应用正在不断进步，为人类的健康保驾护航。

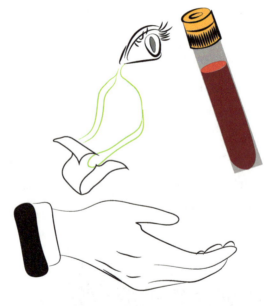

图 19-2　AI 在医疗领域的研究和应用不断进步，这要求我们持续关注技术创新，并加强跨学科、跨领域的合作，以推动医疗技术的不断发展和完善

　　具体来说，当你感到身体不适时，只需轻松地在手机屏幕上键入你的症状，一场由 AI 引领的医疗革新便在你的指尖悄然上演。我们称这项创新服务为"AI 问诊"，它能够即时根据你的输入自动生成一份详尽的电子病历，仿佛一位无形的医疗助手，迅速且精准地整理你的健康信息。

　　这背后的奥秘在于，AI 已经深入"研读"了海量的医学文献，从中汲取了成千上万病例的知识。它犹如一位超级学霸，不仅对各种疾病的症状了如指掌，还能根据你描述的不适，智能地推断出可能的疾病名称。这一过程，就像 AI 在其庞大的知识库中迅速检索，寻找与你症状最相吻合的答案。

　　随着大语言模型的出现，以及图像、声音、视频等多种模态在医疗领域的应用，AI 在医疗领域的开发已经进入了一个全新的阶段。

　　简而言之，AI 问诊就如同我们身边的全天候私人医生，凭借先进的技术，为人们提供迅速、准确且个性化的医疗建议。尽管它尚不能完全替代传统医生的角色，但作为医疗领域的一股新兴力量，AI 正以其独特的优势，为我们的健康提供有力保障，使医疗服务变得更加便捷和高效。

19.2　AI 病理诊断与未来健康

　　目前，AI 正以其独特的优势，在诸多领域中大放异彩，而图像分析无疑是它最擅长的技能之一。这一技术正被全球多个国家的医疗研究团队巧妙运用，以帮助医生更精准地诊断疾病，其中，通过显微镜观察患者胃部等组织的标本，以检测是否存在癌细胞的病例诊断研究，便是这一应用的杰出代表。

　　癌细胞，这些狡猾的"变身大师"，因其形状多变、特征难以用语言准确描述，给传统的病理诊断带来了不小的挑战。病理学家在显微镜下，不仅要从海量的细胞中辨认出那些异常的癌细胞，还要同时应对大量形态各异的正常细胞，这无疑是一项既耗时又费力的工作。然而，AI 的加入，为这一难题提供了全新的解决方案。研究团队巧妙地让 AI 先学习正常细胞的各种特征，这一过程就像是为 AI 安装了一个"细胞识别宝典"。通过学习，AI 能够将这些正常细胞的特征进行数值化，形成一个"正常细胞数值模型"。这个模型就像是一把精准的尺子，能够衡量出样本中的细胞特征与正常细胞数值的接近程度。

简单来说，当 AI"审视"一个细胞样本时，它会将样本中的细胞特征与自己学到的正常细胞数值进行比对。如果某个细胞的特征与正常细胞数值相差甚远，那么这个细胞就很可能是异常的癌细胞，从而触发 AI 的"警报系统"。

这样的技术，不仅大大提高了癌细胞诊断的准确性和效率，还为医生提供了更加客观、可靠的诊断依据。

首先，我们使用 AI 技术对正常细胞标本图像进行处理，将图像中的颜色、形状等特征数值化，形成"特征量"。这些特征量可以被视为坐标轴，在多维空间中配置各个图像。由于正常细胞的图像在特征上具有较高的相似性，因此它们会在空间中集中分布。为了便于插图展示，我们在此假设使用三个特征量（即三维空间），但在实际应用中，通常会采用 350 个以上的特征量来更全面地描述细胞图像。

接下来，我们将正常细胞和癌细胞的标本图像都进行数值化处理，并在三维空间中展示。由于癌细胞与正常细胞在特征上存在显著差异，因此包含癌细胞的图像会与正常细胞的排列方式明显分开。这种与正常细胞群的距离，实际上反映了细胞的异常程度，距离越远，细胞越有可能是癌细胞。

图 19-3 中展示了两组图像，分别比较了病理学家和 AI 的诊断结果。可以清晰地看到，两者指出的癌细胞位置几乎完全一致，这充分证明了 AI 技术在细胞诊断中的准确性和可靠性。

病理学家的诊断结果，被黄色线包围的部分很可能含有癌细胞

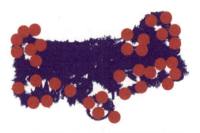

AI诊断结果，红色圆圈的部分可能含有癌细胞

图19-3 医学人工诊断与 AI 诊断癌细胞病理示意图

值得一提的是，深度学习这项技术就像是给机器装上了一副"智慧眼镜"，让它能够捕捉到那些复杂而高级的概念。但要想让这副"眼镜"真正发挥作用，可不是件简单的事儿。它得"学习"成千上万个正确答案，才能逐渐变得聪明起来。

然而，现实中的一个难题是：我们很难准备到如此大量的准确数据。特别是在医学领域，想要找到大量的非病理图像来进行预训练学习，简直是难上加难。这就好比你想教一个孩子认字，但手里却没有足够的书本和资料。那么，如何在数据有限的情况下，让深度学习模型也能捕捉到那些高级、抽象的概念？这可是当前深度学习研究的一个热门话题。科学家们正绞尽脑汁，想办法用更少的数据，训练出更聪明的模型。

当然，就算模型再聪明，如果只给出一个冷冰冰的判断结论，医生们恐怕也难以接受。毕竟，他们更希望了解的是：这个结论是怎么得出来的？为什么 AI 会这么判断？

可惜的是，现在的 AI 还像个"黑匣子"，我们很难看清它内部的运作机制。所以，为了让医生们更放心地使用 AI 辅助诊断，我们需要在可能的范围内，尽量去理解并接受 AI 的判断依据。这样一来，医生们在诊断时就能更加胸有成竹，而 AI 也能成为他们得力的好帮手。

19.3　AI 走近焦虑抑郁防线

在当今这个快节奏的社会里，人们面临着来自工作、学习和生活等多方面的巨大压力，这使得焦虑症、抑郁症等精神疾病变得日益普遍。然而，一个棘手的问题在于，目前尚未有通过血液检测或脑部扫描等客观手段来准确诊断这些疾病及其严重程度的方法。幸运的是，随着人工智能（AI）技术的不断进步，科学家们正在探索利用 AI 来理解这些"隐形"的心理疾病，从而为客观诊断开辟新的途径。

一项颇具前景的研究正聚焦于开发一种能够从医生和患者的对话内容中识别出精神疾病类型及其严重程度的 AI 系统。每种精神疾病都有其独特的言语表现方式，比如抑郁症患者往往说话速度较慢。精神科医生正是通过捕捉这些言语特征来进行诊断。这项研究的目标是将这些难以用言语明确描述的精神科医生"隐性知识"转化为 AI 可以理解的数值化信息。

研究过程中，医生和患者的对话会被转换成文字，然后 AI 会分析这些文字，提取出单词种类和说话速度等特征（见图 19-4）。值得注意的是，这种分析并不依赖于特定的预设问题，而是基于日常的问诊对话进行。通过这种方式，AI 能够生成患者的言语特征数值，进而揭示出哪些特征与哪些疾病或症状紧密相关。换句话说，AI 能够根据患者的言语特征推测出其患上某种疾病的概率。

图 19-4　通过提取和分析患者的言语特征，AI 能够推测出患者患上某种疾病的概率。这为我们提供了一种全新的、非侵入性的辅助诊断手段，有助于医生更准确地判断患者的病情

目前，该研究已经收集并分析了大量关于精神分裂症、抑郁症、双向障

碍（即狂躁抑郁症）、焦虑症、痴呆症患者以及健康人的数据。在研究中，被测者的言语特征被映射到一个以特征量为坐标轴的空间中。虽然为了简化理解，可以想象这个空间是三维的，但实际上，研究中使用了更多的特征量。在这个空间里（见图 19-5），具有相同症状的患者会聚集在一起。通过计算患者与各疾病组群的"距离"，可以判定患者的疾病类型、症状及其严重程度。此外，研究还展示了各种疾病的主要症状以及典型的言语表现方式。

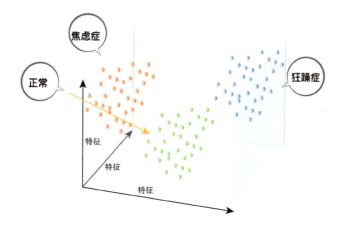

图 19-5　研究中使用了多维度的言语特征来构建特征空间，这表明精神疾病的诊断需要综合考虑多个方面的信息，而不仅仅是单一的症状或表现。这种方法有助于提高诊断的准确性和全面性

　　还有一项与心理健康密切关联的群体就是老年人。老年人群体在社会中占据重要地位，他们面临着一系列独特的心理与情感需求，然而，在现今这个快节奏、充满压力的社会环境中，这些需求却时常被忽略，难以得到充分关注与满足。随着年龄的增长，老年人不得不面对退休、健康衰退、亲朋好友离世等一系列生活变故，这些变化往往使他们深陷孤独、无助与沮丧之中。

　　适时的陪伴与关爱对老年人而言至关重要，这不仅能为他们提供情感上的慰藉，更能助力他们勇敢地面对生活中的种种挑战。长期孤独与缺乏关爱，无疑是老年人罹患焦虑症、抑郁症等精神疾病的重要诱因。因此，通过给予他们足够的陪伴与关爱，我们能够及时发现并有效干预这些潜在的心理问题，从而防患于未然，避免精神疾病的发生。

老年人的生活质量并非仅仅由身体健康状况所决定，他们的心理健康与社会交往同样重要。适当的陪伴与关爱，不仅能够促进老年人的社交互动，更能增强他们的归属感与幸福感，让他们在晚年生活中感受到更多的温暖与快乐（见图 19-6）。社会对老年人心理需求的认识往往不足，导致许多人忽视了老年人陪伴和关爱的重要性。这进一步加剧了老年人在社会中的孤立感。

图 19-6　适当的陪伴和关爱对于老年人来说至关重要，这不仅能促进他们的社交互动，还能增强他们的归属感和幸福感。我们应该在日常生活中更多地关心老年人，给予他们足够的陪伴和关爱

人工智能在老年人陪伴与关爱中的应用

- 智能陪伴机器人：AI 技术可以应用于开发智能陪伴机器人，这些机器人可以与老年人进行简单的对话、播放音乐、讲故事等，为他们提供情感上的支持和陪伴。
- 远程监控与关怀：通过 AI 技术，家庭成员或专业机构可以远程监控老年人的健康状况和日常活动，及时发现并处理潜在的问题。同时，AI 还可以提供个性化的关怀建议，帮助老年人保持身心健康。
- 心理健康评估与干预：AI 技术还可以用于评估老年人的心理健康状

况，及时发现焦虑、抑郁等心理问题的迹象，并为他们提供个性化的干预措施。

19.4 AI 为下一代教育提供有效建议

物联网（IoT）技术，对许多人而言已不再陌生。当它与 AI 携手，正逐步革新教育领域，尤其在青少年儿童的学习中发挥着重要作用。如今，AI 已经深入到学习指导中，为每位学生提供个性化、精细化的辅导。设想，全球各地的教室都配备了联网的电子黑板，借助自动翻译技术，同一堂课可以在世界各个角落同时进行，真正实现了知识的无界传播。

这种教学模式不再是传统的教师单向灌输，而是实现了多维度的互动。电子黑板、教室内的摄像头、学生的数字教科书以及手机应用等工具，共同编织了一张信息网，实时捕捉学生的学习动态。从预习情况、课堂专注度、学习难点到最终的学习成果，一切尽在掌握之中。这些信息汇总起来，就像是一幅幅详细的学习画卷，让学生的学习状态一目了然。

特别值得一提的是，现在已有尝试在学生的个人面板上展示其全方位的数据，包括出生日期、出勤记录、校园生活、学习进度等。教师只需一瞥，便能全面了解某位学生的近况，尤其是那些频繁请假或需要特别关注的学生，从而提供更加精准的个性化指导。未来，随着技术的不断进步，这些信息的整合与分析将更加高效，指导内容也将更加全面。

然而，AI 在教育中的应用并非全然利好，它也潜藏着一定的风险。最引人担忧的是，过度依赖 AI 可能会削弱学生的自主思考能力。毕竟，学习不仅仅是知识的积累，更是思维方式和解决问题能力的培养。因此，在享受 AI 带来的教育便利时，我们也应警惕其可能带来的副作用，确保学生在获取知识的同时，也能保持独立思考的能力。

19.5 AI 无雇员超市的兴起

近年来，在各大便利店与超市里，一个新颖的身影愈发引人注目——那就是"自助收银机"。这些机器取代了传统店员的角色，让顾客亲自参与到商品扫描、结算乃至装袋的整个过程中。支付方式也不再局限于现金，电子货币、信用卡、二维码支付等多种非现金选择应运而生，极大地方便了顾客。

踏入这样的店铺（见图 19-7），首先映入眼帘的是密布的摄像头与传感器。它们借助先进的 AI 技术和 IT 系统，仿佛拥有了一双无形的眼睛，能够实时追踪顾客在店内的位置与动态。无论顾客走向哪个货架，取下了多少商品，这些设备都能准确无误地记录下来。即便顾客临时改变主意，将商品放回原处，或是直接放入自己的环保袋中，系统也能轻松应对，确保结算的准确无误。

图19-7 随着电子货币、信用卡、二维码支付等多种非现金支付方式的兴起，店铺需要适应这种变化，提供多元化的支付方式以满足不同顾客的需求

当顾客挑选完心仪的商品，只需站在结账区域，眼前的屏幕便会自动显示出所购商品清单及总金额。顾客只需简单操作，即可完成支付，无须再逐一扫描条形码，也省去了结账后再装袋的麻烦。而店铺设置的未付款出口闸门，则像是一位忠诚的守卫，有效防止了偷窃等不法行为的发生。

自助收银机与高度 AI 技术相结合的无人智能支付店铺之所以得以开发，其背后折射出的是社会老龄化的严峻现实以及劳动力短缺的问题。随着无人AI 技术的普及，店铺的收银工作将变得不再必要，仅需一两人即可完成整个店铺的运营，从而大大缓解了人手不足的压力。此外，在那些因人力和成本限制而难以维持商店运营的人口稀少地区，这一系统的引入无疑将为当地居民带来生活上的极大便利。

可以预见，商店的无人支付化将成为支撑未来社会发展的重要技术之一，为人们的生活带来更多的便捷与高效。

19.6　AI 语音产品与人类的积极互动

智能手机搭载的语音助手，如苹果的 Siri 与谷歌的 Google 助手，已经成为日常生活中不可或缺的工具。用户只需轻启朱唇，发出如"查资料"或"播放音乐"的简单指令，便能迅速获得所需服务。这些语音助手的设计初衷，并非仅仅为了闲聊解闷，而是专注于执行各类具体任务，因此它们被归类为"任务导向型"助手（见图 19-8）。

语音助手的工作机制颇为精妙。当用户发出语音指令时，助手会首先识别并解读指令中的关键信息，这包括需要调用的功能、用户的意图以及具体的操作内容。例如，在设定闹钟的场景中，语音助手会准确捕捉到"使用时钟功能"和"设定闹钟"的指令，并进一步询问用户"设定几点？"以及"闹钟的具体内容是什么？"

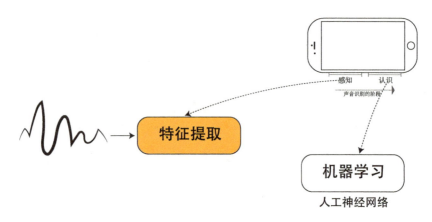

图 19-8　人类给手机等智能设备发送语音指令，手机智能芯片获取语音特征后，通过机器学习的神经网络分析指令并理解人类的指令意图

为了实现这一功能，语音助手会利用先进的神经网络技术，将用户的语音指令转换为文字，并将这些文字拆分成单个单词。每个单词都会被表示为一组数字（即矢量），这些数字能够精确地反映单词的含义。随后，神经网络会计算这些单词的矢量，生成一个表示整个句子意思的矢量。正是这个矢量，让语音助手能够准确理解用户的意图，并做出相应的响应。

值得一提的是，语音助手的智能并非一蹴而就。它们需要经过大量的训练，才能学会如何根据用户的指令和意图，准确执行各项任务。在训练过程中，语音助手会接触到海量的示例数据，这些数据涵盖了各种功能和操作指令。通过这种方式，语音助手逐渐学会了即使面对模糊或不完全的指令，也能准确判断用户的意图，并给出正确的回应。

随着生成式 AI 技术的蓬勃发展，语音助手也迎来了新的进化契机。谷歌等科技巨头已经宣布，将在语音助手中集成更具聊天能力的对话型 AI，如 Gemini 等。这意味着未来的语音助手将不仅仅局限于执行具体任务，还能与用户进行更加自然、流畅的对话交流。这一变革无疑将进一步提升语音助手的使用体验，让我们的生活变得更加便捷和有趣。

20

大语言模型时代的社会挑战与应对（大语言模型应用可能带来隐私安全、社会伦理与公平等问题）

20.1 不是所有的数据都有权获取

在当今这个科技日新月异的时代，人工智能（AI）如同一股强劲的东风，吹遍了各行各业，其影响力之深远，可谓前所未有。在数据资源日益丰富且全面的前提下，AI 正以前所未有的速度挖掘着信息的价值，尤其在医疗健康领域，其潜力更是不可小觑。然而，在这一进程中，如何妥善处理遗传信息与个人隐私，成为摆在人们面前的一大挑战。

遗传信息，作为个体生命密码的核心部分，与疾病风险、生活习惯乃至预期寿命紧密相关。随着基因测序技术的飞速发展，人们得以窥探自身遗传的奥秘，但同时也面临着信息泄露的风险。病例信息同样敏感，它们记录了个体的健康状况与治疗历程，是医疗研究不可或缺的宝贵资源。然而，这些信息若被不当利用，可能给个人带来难以预料的负面影响，如在就业、保险等方面遭遇歧视。

在此背景下，医疗领域对 AI 的应用显得尤为复杂。一方面，AI 能够基于海量数据，精准识别疾病风险，提供个性化的健康管理建议，从饮食调整、运动规划到疾病预防，无所不包，惠及万千民众。另一方面，如何在确保数据安全与个人隐私的前提下，让 AI 发挥最大效用，成为亟待解决的问题。

完全匿名化处理似乎是一个理想的解决方案，但遗憾的是，这往往意味着数据价值的丧失。因为真正有价值的数据，往往需要在一定程度上保留其原始特征，以便 AI 能够从中提炼出有用的信息。这就需要在数据收集、处理与应用的各个环节中，找到平衡点，既要保护个人隐私，又要确保数据的可用性与价值。

当前，众多研究机构与企业正致力于探索这一平衡之道。他们利用先进的算法与技术，试图在保护个人隐私的同时，挖掘数据的深层价值。例如，通过构建复杂的数学模型，对大量数据进行聚合分析，以群体为单位呈现结果，而非针对具体个人，从而在保护隐私的同时，为医疗研究、政策制定等提供有力支持。

然而，技术的进步并不能完全替代法律与伦理的约束。在 AI 广泛应用的时代背景下，如何制定更为完善的法律法规，确保个人信息的合法、合规使用，成为摆在社会面前的重要课题。这既需要政府、企业、研究机构等多方共同努力，也需要公众的广泛参与与监督，共同构建一个既安全又高效的 AI 应用环境。

总之，人工智能在医疗健康领域的应用前景广阔，但随之而来的隐私保护问题同样不容忽视。只有在技术、法律与伦理的共同作用下，才能实现数据价值与个人隐私的双赢，让 AI 真正成为造福人类的强大工具。

20.2 不能因为是 AI 就与伦理无关

在探讨 AI 的飞速发展时，一个不可忽视的维度是其与伦理道德的交织。尤其当 AI 技术如自动驾驶汽车逐渐融入日常生活，关于责任归属的议题便显得尤为棘手。自动驾驶汽车，作为 AI 技术的前沿代表，正逐步从理论走向实践，其在全球范围内开展的实证试验预示着未来交通形态的巨大变革。

　　自动驾驶汽车的愿景是减少人为错误导致的交通事故，缓解城市交通压力，甚至让驾驶技能不再是享受出行自由的障碍。然而，这一美好图景并非没有阴霾。当自动驾驶汽车面临突发状况，比如必须在保护行人与保护乘客之间做出选择时，伦理困境便显现无遗。

　　设想这样一个场景（见图 20-1）：一辆自动驾驶汽车正载着乘客行驶在公路上，前方突然出现一个横穿马路的行人，而避免撞击行人的唯一方式是急转方向，但这又可能导致车辆与路边的混凝土障碍物相撞，从而威胁到车上人员的安全。在这样的生死抉择面前，AI 应如何决策？是优先保护行人，还是尽力保障乘客的安全？

图 20-1　选择撞向行人和撞向旁边的障碍物都不可行，都会有生命危险。一个选择波及行人，另一个选择波及乘车人

　　这一问题的复杂性在于，它触及了 AI 能否及应否承担责任的深层次伦理探讨。传统上，法律责任是建立在具有自由意志和道德判断能力的个体之上的。然而，AI 系统尽管能够处理海量数据并做出复杂决策，却缺乏人类意义上的自由意志和道德意识。因此，让 AI 直接承担责任，在法理和伦理上都存在巨大争议。

　　那么，当自动驾驶汽车发生事故时，责任究竟应由谁承担？是汽车制造商、软件开发者、还是车主？抑或是需要建立一个全新的责任框架，以适应 AI 技术带来的挑战？

此外，随着 AI 技术的不断进步，"自由意志" AI 的概念也开始浮出水面。尽管目前 AI 的决策仍基于预设的算法和模型，但未来是否可能出现具有自我意识和自主决策能力的 AI，从而进一步模糊责任归属的界限？

面对这些问题，社会各界需要共同努力，探索建立适应 AI 时代的伦理规范和法律体系。这包括明确 AI 系统的责任边界，确保 AI 决策的透明度和可解释性，以及建立有效的监管机制，以保障公众的安全和权益。只有这样，AI 技术才能在为人类带来便利的同时，也赢得社会的信任和接纳。

20.3 AI 可以涉足"公平性"任务吗

AI 正逐步渗透至招聘领域，为企业筛选人才带来了前所未有的变革。通过深度学习和大数据分析，AI 能够挖掘出优秀员工的历史数据与其卓越表现之间的潜在联系，从而协助企业在海量应聘者中精准识别出最具潜力的候选人。然而，这场科技革命在带来高效的同时，也面临着"公平性"与"公正性"的重大考验。

AI 在招聘中的应用，其优势不言而喻。它能够快速处理大量简历，减少人为偏见，提高招聘效率。然而，若 AI 系统在设计或训练过程中融入了不当的偏见，比如基于家庭背景、出生地或宗教信仰等敏感信息的判断，就可能引发隐性就业歧视，违背社会公平正义的原则，甚至导致企业陷入法律困境。

为了保障 AI 决策的公正性，我们必须正视其"黑箱"特性带来的挑战。深度学习模型的复杂性使得其决策过程难以直观解释，这为恶意操纵提供了空间。因此，科研人员正致力于提升 AI 的透明度与可解释性，试图打开这个神秘的黑箱，让人类能够更好地理解 AI 的决策逻辑，从而确保其判断的公正性和准确性。

除了科研人员的努力，建立完善的监管机制也是至关重要的。这包括制定明确的 AI 使用准则，规范 AI 在招聘中的行为边界，以及建立有效的监督机制，确保 AI 决策不受非法干预。同时，我们还需要加强对 AI 系统的审计和评估，定期检查其决策过程是否存在偏见或歧视，以及时纠正不当行为。

作为使用者，我们同样承担着重要的责任。我们应该积极倡导和践行公平、公正的价值观，避免将个人偏见融入 AI 系统的设计和使用中。同时，我们还需要提高公众对 AI 招聘的认知和理解，让更多人了解 AI 的优势和局限性，从而理性看待其在招聘中的应用。

此外，为了促进 AI 在招聘领域的健康发展，我们还需要加强跨学科合作与交流。这包括计算机科学、心理学、社会学等多个领域的专家共同研究如何更好地利用 AI 技术提高招聘的效率和公平性。通过跨界合作，我们可以更全面地了解 AI 在招聘中的应用场景和潜在风险，从而制定出更科学合理的策略来应对挑战。

综上所述，AI 在招聘领域的应用是一场既带来高效又面临公平考验的科技革命。为了确保 AI 决策的公正无私，我们需要科研人员、使用者、监管机构和跨学科专家的共同努力。只有这样，我们才能让 AI 真正成为推动社会进步和发展的重要力量，为社会的和谐与进步贡献力量。

21
大语言模型技术的发展趋势（展望大语言模型未来的技术突破）

21.1 AI 监控街道交通真的很有效吗

将 AI 融入交通管理的概念，往往首先让人联想到的是 AI 与监控系统的结合，用以自动监控街道上车辆与行人的动态，旨在缓解交通拥堵及预防各类交通事故。这一设想固然正确，但它忽略了一个同样重要且潜在风险极高的因素——驾驶员的疲劳驾驶。疲劳驾驶作为一种内在状态，仅凭外部监控难以根本解决。

在自动驾驶技术的分级体系中，0~5 级代表了从完全人工驾驶到完全自动驾驶的递进过程。尽管未来全自动驾驶（即第 5 级）车辆预计将广泛普及，当前及未来一段时间内，第 3 级自动驾驶技术——在特定环境如高速公路上实现有条件自动驾驶——更可能成为市场主流。在这一级别下，车辆与驾驶员需根据具体情况交替控制，意味着即便有驾驶员在位，若其分神操作手机或陷入困倦，也无法立即响应车辆的转向需求。因此，确保驾驶员与车辆间顺畅的控制权交接，准确识别驾驶员状态变得至关重要。

近年来，科学研究已涉足利用 AI 技术检测驾驶员未自觉的困倦状态，以评估其对驾驶的专注度。鉴于直接通过摄像头图像分析面临的挑战，科研人员创新性地开发了全球首款基于 AI 的传感器，该传感器能够从面部特征识别到驾驶集中度。利用深度学习技术处理的红外图像，该 AI 系统能够实时监测驾驶员的位置、眼睑开合程度、视线方向等，即便在驾驶员佩戴墨镜或口罩的情况下也能准确识别。这一技术的实现，依赖于复杂的面部识别算法与预设条件的精细设定。

尤为重要的是，当驾驶员开始感到困倦时，其身体的自然反应如视线和头部动作的微调会发生变化，而这些微妙的变化正被 AI 捕捉并分析。系统不仅能检测到驾驶员尚未自我察觉的轻微困意，甚至能预警初期睡意，为安全驾驶提供额外保障。为了进一步提升这一技术的实用性，研究者们正不断探索如何利用驾驶员视线测量系统的轻微晃动数据，以及不同机构正尝试整合视野内的头部微小移动信息，以优化反射性自动修正功能，即在驾驶员无意识偏离正常驾驶状态时，车辆能自动进行必要的调整，确保行车安全（见图 21-1）。

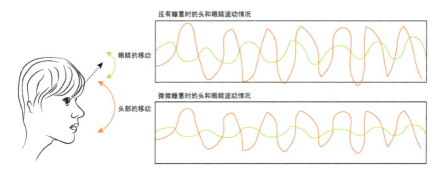

图 21-1　AI 系统能够捕捉到驾驶员微妙的生理变化，如视线和头部动作的微调，这些细节的监测对于预防事故至关重要，强调了细节在安全驾驶中的重要性

综上所述，AI 在交通管理中的应用，不仅仅局限于外部监控，更深入到了对驾驶员内在状态的精准把握，为预防疲劳驾驶带来的安全隐患开辟了新途径。随着技术的不断进步，未来有望构建更加安全、高效的智能交通系统。

21.2　AI 解析通缉犯特征

在当今社会，街道的每个角落几乎都被监控系统所覆盖，构成了一张严密的安全网。这些监控系统不仅装备了自动取景器，还配备了先进的全息录像机技术，使得即便是模糊的图像也能变得清晰可辨。一旦通缉犯的身影出现在监控范围内，无论是正面还是侧面，他们的眼睛、鼻子、耳朵等面部特征，都会被这些高精度的摄像头一一捕捉并记录下来。

然而，面对海量的监控数据，人工逐一排查不仅耗时费力，还可能让犯罪分子趁机逃脱。为了解决这个问题，图像解析技术，尤其是人脸识别技术，发挥了至关重要的作用。

人脸识别技术的工作原理主要基于面部特征点的识别和它们之间的位置关系。系统通过 AI 技术，能够自动从大量数据中学习并分析各种面部特征和位置关系的模式。当提供的信息越多，系统的性能也就越出色。一个经过大量数据训练的 AI，甚至能在人类难以察觉的差异中，迅速准确地识别出个体。

这项技术不仅在出入境管理、大型活动安保等多个领域得到了广泛应用，还在警方的调查工作中发挥了重要作用。尽管具体的应用细节可能并不为公众所熟知，但面部识别技术已经被正式纳入警察厅的信息报告分析支援系统，并在全国范围内推广使用。

此外，在图像解析领域，还有一项备受瞩目的技术——"步行识别"。这项技术利用 AI 从人类走路的影像中提取出手脚的活动方式、步幅及姿势等特征，进而判断不同影像中的个体是否为同一人。尽管这项技术目前尚未广泛应用，但鉴于步行特征在较远距离也能被有效捕捉，因此它在未来搜查工作中的潜力巨大，备受期待。

22

大语言模型对人类生活的影响（大语言模型技术如何改变人们的日常生活、工作、交流方式）

在本终章中，我们对全书内容进行了总结与展望，聚焦于大语言模型——这一人工智能领域的革命性技术，正以颠覆性的方式重塑我们的日常生活、工作模式及交流手段。大语言模型，依托深度学习与海量文本数据的锤炼，掌握了理解与生成自然语言的能力，进而在众多应用场景中大放异彩。

- 日常生活的深刻影响：大语言模型已融入日常生活的方方面面，极大提升了便利性。它们能迅速回应各类问题，无论是日常琐事还是专业领域的知识，都无须用户费时搜寻与筛选，既节约了时间，又确保了信息的准确性。此外，这些模型还能辅助写作，生成高质量的文章、故事、诗歌等，为创作者提供灵感与初稿，同时检查语法、提出修改建议，使写作更加高效。

- 工作方式的根本变革：在工作领域，大语言模型正逐步颠覆传统工作模式。它们能自动化处理海量数据，进行智能分析与决策，从而释放人力资源，使人们得以投身于更具创造性和价值的工作。以新闻撰写为例，大语言模型能自动化处理数据，迅速生成新闻草稿，显著提升撰写速度，减轻记者负担，同时协助编辑快速核实事实，提高报道准确性。

- 交流方式的全新革新：借助自然语言处理技术，大语言模型使人机交互更加自然、高效，有望大幅提升生产效率。用户只需简单的自然语言指令，即可完成复杂任务，如数据分析、内容创作等。此外，这些模型在智能客服领域的应用，也为用户提供了更加自然、流畅的交流体验，提高了客服效率。

- 产业与经济的强劲推动：大语言模型的应用正逐渐渗透到各个领域，推动产业与经济的创新与升级。它们能处理与融合多种类型的数据，如文本、图像、语音等，使 AI 技术在安防、娱乐、广告等多个领域展现出广泛的应用前景。随着大模型技术的成熟，其商业变现途径也日益明确，为企业带来了新的增长点。

- 面临的挑战与未来展望：尽管大语言模型带来了诸多便利与机遇，但也面临着数据隐私与安全、模型可解释性、伦理道德等挑战。因此，在享受大语言模型带来的便利的同时，我们也需关注这些问题，并寻求合理的解决方案。展望未来，随着技术的不断进步与创新，大语言模型有望在更多领域发挥重要作用，与知识图谱、语音识别等技术相结合，为我们提供更加智能、便捷的服务。

大语言模型作为 AI 领域的一项重要技术，正深刻改变着我们的日常生活、工作方式及交流模式。我们有理由相信，随着技术的不断发展，大语言模型将在未来发挥更加重要的作用，为人类社会的进步与发展贡献更多力量。

23

深探智能：DeepSeek 大模型技术的新里程（引领中文 AI 新纪元，开启人机共生新篇章）

23.1 破茧而出：DeepSeek 的诞生背景

2022 年前后，全球人工智能领域正经历着"大模型竞赛"的白热化阶段。ChatGPT、PaLM 等大模型的相继问世，标志着语言智能进入百亿参数时代。然而，这些"巨无霸"模型普遍面临三大困境：天文数字级的算力消耗、难以突破的理解天花板以及商业化应用的落地瓶颈。中国科研团队正是在这样的背景下，开启了 DeepSeek 的研发征程。

DeepSeek 的开发初衷源于对技术民主化的追求。研发团队观察到，现有大模型往往需要价值数千万美元的算力支持，这种资源垄断严重阻碍了 AI 技术的普惠发展。项目组创造性地提出"效率革命"理念，致力于在保持智能水平的同时，将模型训练成本降低一个数量级。这不仅是技术突破，更是对 AI 民主化的重要实践（见图 23-1）。

2023 年正式发布的 DeepSeek 大模型，标志着中文自然语言处理技术进入新纪元。其突破性意义体现在三个方面：首次实现中文语境下类人逻辑推理能力、开创性地建立多模态知识图谱体系以及构建可解释性 AI 的示范框架。这些成就不仅填补了中文大模型的技术空白，更为全球 AI 发展提供了新范式。图 23-2 展示了 DeepSeek 发展的一些重要里程碑。

图 23-1　破茧而出，尽管现有大模型的高算力需求形成了资源垄断，阻碍了 AI 技术的普惠发展。但是 DeepSeek 能够致力于降低模型训练成本，是对传统资源垄断模式的一种创新突破

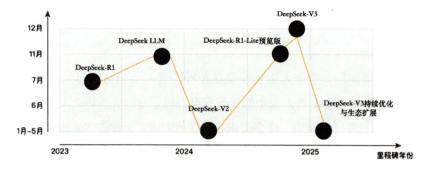

图 23-2　DeepSeek 首次实现了中文语境下的类人逻辑推理能力，这强调了考虑语言和文化差异在开发自然语言处理系统时的重要性。不同的语言有其独特的语法、词汇和表达习惯，因此，针对特定语言进行优化和定制是提高系统性能的关键

23.2　智芯跃迁：技术解码与创新突破

1. 架构设计的基因重组

DeepSeek 堪称对架构设计进行了一次革命性的基因重组（见图 23-3）。

它创新性地采用了一种名为"分形神经网络"的全新架构，这一架构与传统的 Transformer 模型有所不同，并非简单地层层堆叠。尤为引人注目的是，DeepSeek 融入了一项极为智能的机制，即能够根据任务的复杂程度，灵活自动地调配其"力气"（即计算资源的使用量）。如此一来，在处理一些简单查询或问题时，它便能巧妙地"偷懒"，以较少的能量完成任务，能耗降幅高达 70%！然而，当面临复杂、需要深入思考与推理的问题时，它又能迅速调整状态，全力以赴，确保表现始终保持在最佳水平。因此，DeepSeek 以其卓越的节能性和高效性，成为一项极具颠覆性的技术。

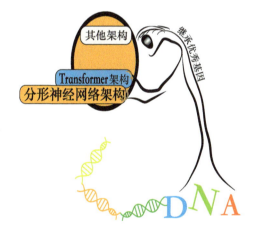

图23-3 DeepSeek 作为一项极具颠覆性的技术，展示了其在节能和高效方面的显著优势。这激励人们应积极探索和开发新技术，以推动相关领域的进步和发展

2. DeepSeek 训练范式的三大革命

（1）知识蒸馏 2.0

传统的知识蒸馏是老师教学生，但 DeepSeek 的知识蒸馏 2.0 不一样，它让老师和学生一起成长。在训练过程中，老师模型不仅教学生模型，还会根据学生的进步来调整自己的教学方式，实现动态的交互。这样，老师和学生都能不断进步，达到更好的学习效果。

（2）多模态预训练：四维空间的全面学习

DeepSeek 的多模态预训练就像是在一个四维的空间里学习。这个空间里有文本、图像、视频，还有 3D 模型，各种各样的信息都有。模型在这个空间里学习，就能更全面地理解世界，不管是文字还是图片，视频还是 3D 物体，都能应对自如。

（3）持续学习系统：记忆网络让知识不流失

传统的模型学完新知识就忘了旧的，但 DeepSeek 的持续学习系统不一样。它有一个记忆网络，就像大脑的记忆一样，能把学到的知识都存起来。这样，模型就能不断积累知识，越学越聪明，不会像以前那样学完就忘。

3. 差异化竞争优势

与同类模型对比，DeepSeek 展现出了四大独特优势，见表 23-1。

表 23-1　DeepSeek 的四大优势

维度	DeepSeek	传统大模型	说明
推理效率	0.5 秒/千 token	2 秒/千 token	每处理 1000 个文字单位（token）只需要 0.5 秒
多轮对话	50 轮上下文记忆	通常 10～20 轮	记忆力很好，能记住长达 50 轮的对话内容，这样在多轮聊天时就能更好地理解用户的意思
知识更新	每日增量学习	季度级更新	每天都会学习新的知识，保持与时俱进
能耗比	1.2TOPS/W	0.8TOPS/W	每消耗 1 瓦特的电力，能完成 1.2 万亿次运算

23.3　智启未来：应用图景与社会影响

1. 行业赋能全景图

在医疗领域，DeepSeek 已实现放射影像报告自动生成准确率 98.7%；教育场景中，其打造的个性化学习系统可将知识点掌握效率提升 40%；金融行业应用反欺诈模型，成功拦截新型网络诈骗手段 23 种。更令人振奋的是在科学研究领域，模型辅助材料学家发现两种新型超导材料候选结构。

　　例如，当医院看病时，我们焦急地徘徊在医院那扇似乎永远忙碌的大门口，挂号无果（见图 23-4）。心急如焚之时，AI 医疗正如同一位不期而遇的温暖使者，悄然走进你的生活。只需指尖轻触手机屏幕，输入你的些许不适，DeepSeek 便如同一位贴心的智能伴侣，迅速为你编织出一份详尽的电子病历，将你的健康信息梳理得井井有条。它仿佛已"博览"医学典籍无数，对各种疾病的症状了如指掌，犹如一位学富五车的医学智者，随时待命。

图 23-4　AI 医疗技术不仅有望解决传统就医过程中的痛点，还通过智能化信息管理、广泛的专业知识以及友好的人机交互设计，为患者带来更加便捷、个性化和高效的医疗体验

　　AI 正以它独有的方式，为我们的健康之路点亮一盏明灯，让医疗服务在科技的助力下，变得更加便捷、更加高效。未来，当技术与人文进一步交融，AI 与医生携手并进，或许将为我们绘制出一幅更加个性化、更加精准的医疗蓝图。所以，当你再次面对挂号的无奈，不妨尝试与 AI 问

诊相遇，多一份选择，便多一份安心，也多一份对科技温暖人心的信任与期待。

2. 技术奇点的催化剂

DeepSeek 带来的不仅是工具革新，更是认知革命。其多模态理解能力正在模糊数字世界与物理世界的边界，在机器人控制、元宇宙构建、量子计算编程等领域展现出惊人潜力。特别在脑机接口方向，模型的语言生成模块已实现与神经信号的初步对接。

3. 通向通用人工智能之路

DeepSeek 研发团队公布的技术路线图显示，其终极目标是打造"可进化的智能体"。未来版本的 DeepSeek 将具备以下三大特征。

（1）自我迭代的学习能力

DeepSeek 将像一个不断进步的"学霸"，能够自动从新的数据和经验中学习，不断提升自己的知识和技能。它不会停留在某个固定的水平，而是会持续进化，变得越来越聪明。这种自我迭代的能力意味着，随着时间的推移，DeepSeek 能够更准确地理解用户需求，提供更优质的服务。

（2）跨模态的创造力表达

DeepSeek 将不再局限于单一的输入和输出方式，而是能够理解和处理来自不同模态的信息，如文本、图像、声音等。更重要的是，它能够以富有创意的方式表达这些信息，生成新颖、有趣的内容。比如，它可以根据一段文字生成一幅画，或者根据一张图片创作一首诗。这种跨模态的创造力表达将极大地拓展 DeepSeek 的应用场景，使其在艺术创作、教育辅导、娱乐互动等领域发挥更大的作用。

（3）价值对齐的伦理框架

DeepSeek 将像一个有道德观的"人"，始终坚守正确的价值观和行为准则。它会在执行任务时，确保自己的行为符合人类的伦理、社会规范和期望。例如，在医疗领域，DeepSeek 会尊重患者的隐私，不泄露敏感信息；在艺术创作中，它会避免抄袭和侵权，尊重原创者的权益。这种价值对齐的伦理框架将确保 DeepSeek 在为社会带来便利的同时，也维护了社会的公正和秩序。

站在技术革命的临界点，DeepSeek 不仅代表着中国在 AI 领域的突破，更预示着一个全新的智能时代。当大模型开始理解隐喻背后的情感，当机器能够捕捉文字的弦外之音，人类正在书写文明史上的新篇章。这趟智能探索之旅，既是技术的远征，更是对人机共生未来的深刻思考。

参 考 文 献

[1] 西格尔斯·西奥多里蒂斯. 机器学习：贝叶斯和优化方法（英文版·原书第 2 版）
[M]. 北京：机械工业出版社，2020.

[2] 吉田真吾，大嶋勇樹. ChatGPT/LangChain によるチャットシステム構築実践入門
[M]. 东京：技術評論社，2023.

[3] 山田育矢，鈴木正敏，李凌寒. 大規模言語モデル入門[M]. 东京：技術評論社，
2023.

[4] VASWANI A，SHAZEER N，PARMAR N.Attention Is All You Need[C]//NeurIPS，
Long Beach，2017.

[5] 斯图尔特·罗素，彼得·诺维格. 人工智能：现代方法[M]. 4 版. 张博雅，陈坤，
田超，等译. 北京：人民邮电出版社，2022.